CALCULS DE VOIES

OU

APPLICATION DE LA TRIGONOMÉTRIE

AUX CALCULS DES BRANCHEMENTS

TRAVERSÉES

COMMUNICATIONS ET RACCORDEMENTS

DES VOIES DANS LES GARES

PAR

J. MARIDET

CHEF DE SECTION AU CHEMIN DE FER DE P.-L.-M.

(Service de la Voie)

Partie théorique — Formules

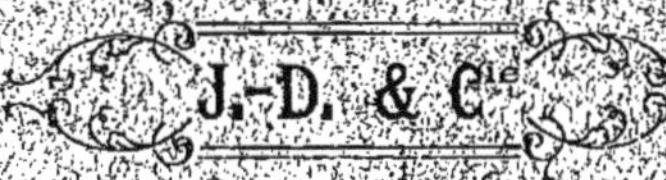

PARIS

J. DÉJEY & Cⁱᵉ, IMPRIMEURS-ÉDITEURS

de l'École centrale des Arts et Manufactures
de la Société des anciens Élèves des Écoles nationales d'Arts et Métiers

18, RUE DE LA PERLE

—

1876

CALCULS DE VOIES

OU

APPLICATION DE LA TRIGONOMÉTRIE AUX CALCULS DES BRANCHEMENTS

TRAVERSÉES, COMMUNICATIONS ET RACCORDEMENTS

DES VOIES DANS LES GARES

CALCULS DE VOIES

OU

APPLICATION DE LA TRIGONOMÉTRIE

AUX CALCULS DES BRANCHEMENTS

TRAVERSÉES

COMMUNICATIONS ET RACCORDEMENTS

DES VOIES DANS LES GARES

Partie théorique — Formules

PAR

J. MARIDET

CHEF DE SECTION AU CHEMIN DE FER DE P.-L.-M.

(Service de la Voie)

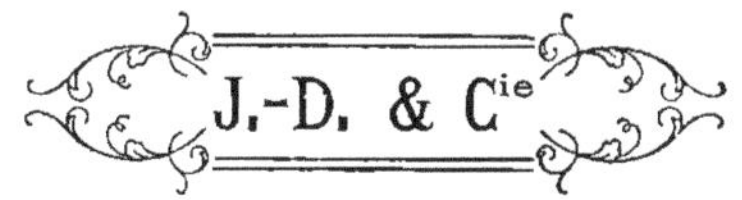

PARIS

J. DEJEY & Cie, IMPRIMEURS-ÉDITEURS

de l'École centrale des Arts et Manufactures

de la Société des anciens Élèves des Écoles nationales d'Arts et Métiers

18, RUE DE LA PERLE

1876

CALCULS DE VOIES

CHAPITRE PREMIER

Il existe un grand nombre de traités sur les courbes de raccordements, mais tous se bornent à l'étude d'arcs tangents à des droites, c'est-à-dire aux raccordements des alignements droits d'un tracé général. Ces traités ne sont donc pas directement applicables aux tracés des voies dans l'intérieur des gares et aux embranchements.

En effet, dans ces sortes de tracés, on a été conduit à des dispositions spéciales pour passer d'une voie sur une autre, ou traverser une ou plusieurs voies.

Ces dispositions comprennent, en général, une série d'arcs de cercle ou de droites se coupant suivant des angles déterminés à l'avance et se raccordant avec ou sans inflexion.

CHANGEMENT DE VOIES

On appelle appareils de changements les appareils servant à passer d'une voie sur une autre.

Après divers essais d'appareils, on semble s'être arrêté à l'emploi du changement à aiguilles mobiles représenté figure 1. Les deux rails extérieurs des voies à

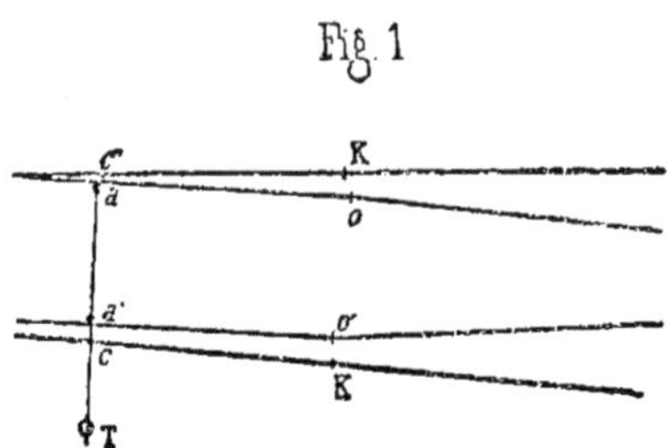

brancher sont fixes, les deux files de rails intérieurs sont terminées en pointe et sont taillées de façon à épouser exactement les rails extérieurs.

Comme il est impossible de terminer les aiguilles en pointes fines, les rails adjacents sont entaillés, sur une certaine longueur, pour loger la pointe de l'aiguille. C'est pourquoi on désigne ces rails sous le nom de *rails entaillés*.

La pointe même de l'aiguille est aussi légèrement délardée, en sorte que l'extrémité de l'entaille ou la pointe de l'aiguille se trouve en deçà du point de rencontre des bords intérieurs de l'aiguille et du rail entaillé. C'est ce dernier point que nous appellerons *pointe mathématique de l'aiguille*.

Les aiguilles sont articulées dans des coussinets spéciaux o, o' disposés de façon à laisser le libre passage des boudins des roues entre les deux rails ; l'espace $o\mathrm{K}$ est de $0^\mathrm{m},11$ de bord en bord intérieur des rails.

Si on désigne par l la longueur de l'aiguille prise de la pointe mathématique à l'articulation ou *talon de*

l'aiguille, l'angle formé, à l'origine, par la voie branchée sur la voie droite, sera donné par

$$\tan g\ \alpha = \frac{0,11}{l}.$$

CROISEMENTS

On appelle croisement le point où les rails de l'entrevoie se rencontrent.

La pointe formée par ces deux rails constitue ce
qu'on appelle le cœur. Les rails de la voie incidente et
de la voie raccordée se coudent parallèlement aux branches du cœur en laissant un espace libre de $0^m,05$ pour
le passage des boudins. Comme les angles de croisement

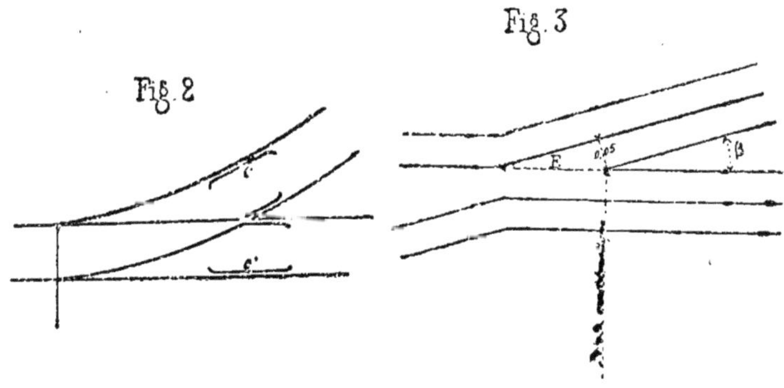

sont en général très petits, il existe, entre la pointe de cœur et le sommet du coude, un espace

$$E = \frac{0,05}{\sin \beta},$$

espace pendant lequel la roue ne se trouve pas guidée ; c'est pourquoi on place les contre-rails $c\,c'$ contre lesquels viennent frotter les boudins de la roue opposée qui se trouve guidée dans la direction convenable ; il n'en résulte pas moins que, dans cet intervalle, l'extrémité seule du bandage de la roue porte sur le rail coudé, et l'on doit, autant que possible, chercher à restreindre cet intervalle, ce qui conduit à faire β le plus grand possible ; mais en augmentant β on diminue le rayon de raccordement qui ne doit pas descendre au-dessous d'une certaine limite.

C'est donc à ce double point de vue que l'on a dû fixer les angles de croisement. Quoi qu'il en soit, ces angles n'ont pas été pris uniformes dans les divers réseaux, sans cependant différer de beaucoup.

Ainsi, tandis qu'à Lyon on emploie les angles de 0,09, 0,11 et 0,13, les Compagnies du Nord, de l'Est et de l'Ouest ont adopté les angles de 5° 30′ et 7° 30′.

Pour établir le branchement de deux voies, il faut donc un appareil de changement et un appareil de croisement ; l'ensemble de ces deux appareils constitue un appareil complet de branchement.

Fig. 4

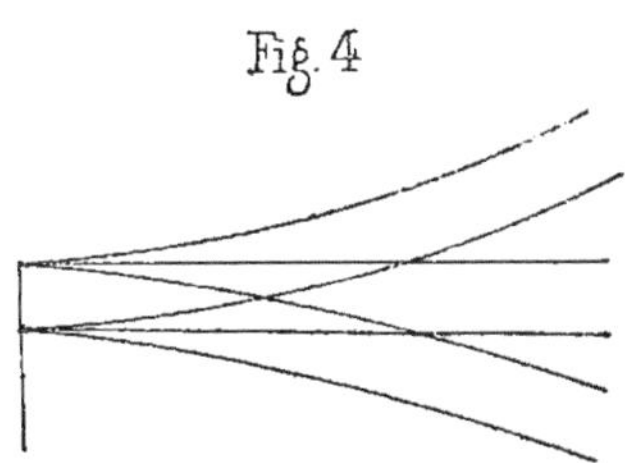

Il existe aussi des appareils de branchement pour trois voies, comme l'indique la figure 4.

Il faut alors trois appareils de croisement et deux appareils de changement. Les quatre aiguilles sont deux à deux égales et symétriques, mais celles correspondantes à la voie du milieu sont plus courtes. Cet appareil constitue le branchement double.

Enfin, quand deux voies se coupent sans se raccorder, on a ce qu'on appelle une traversée de voie qui se compose de quatre appareils de croisements.

Fig. 5

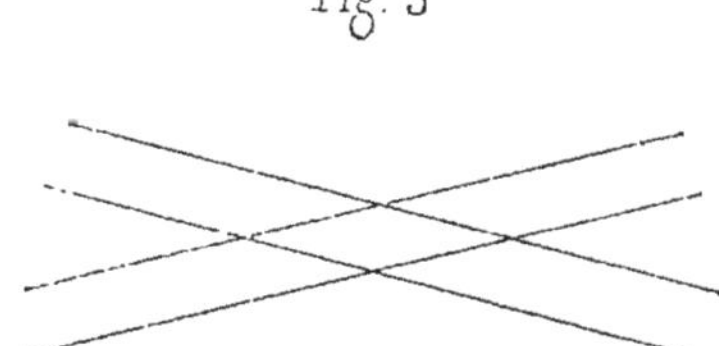

Pour compléter cette description sommaire des appareils, et pour bien saisir le mode de calcul, nous allons faire l'étude détaillée du branchement simple dans le cas d'une voie droite.

On peut se poser la question de trois façons différentes; dans tous les cas, l'écartement de la voie est constant ainsi que la longueur de l'aiguille.

BRANCHEMENT SUR VOIE EN LIGNE DROITE

1er *Cas.* Données h, a, c, β, α; inconnues r, D, d'.

La voie branchée se compose de la partie droite des aiguilles a, de la partie droite du rail coudé c et enfin d'une courbe de raccordement.

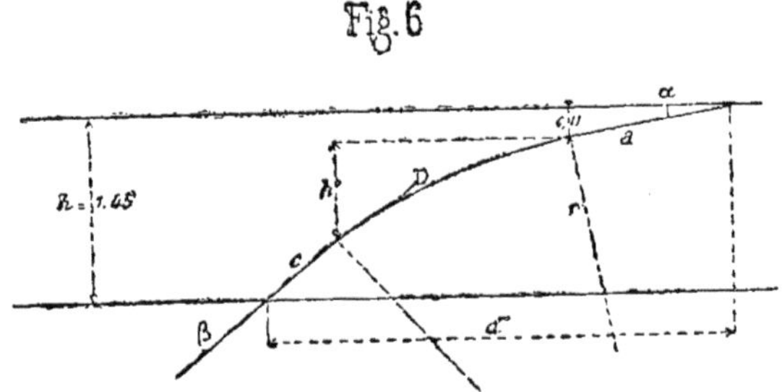

Le problème revient à déterminer un arc de cercle qui coupe deux parallèles distantes de h', suivant les angles α, β. On a :

$$(\mathbf{A}) \qquad r = \frac{h'}{\cos \alpha - \cos \beta} = \frac{h - a \sin \alpha - c \sin \sin \beta}{\cos \alpha - \cos \beta} \ ;$$

l'angle au centre $\varphi = \beta - \alpha$

$$D = (\beta - \alpha)\, r$$

$$d' = a \cos \alpha + c \cos \beta + r (\sin \beta - \sin \alpha).$$

On remarquera, du reste, que $a \cos \alpha = a \alpha$ étant très petit et $a \sin \alpha = 0,11$.

Par suite

$$r = \frac{1,34}{\cos \alpha - \cos \beta} = \frac{1,34}{2 \sin \tfrac{1}{2}(\beta + \alpha)(\sin \tfrac{1}{2})(\beta - \alpha)}. \qquad (1)$$

2e *Cas.* — La longueur de la voie branchée entre la pointe mathématique du cœur et le talon de l'aiguille est donnée :

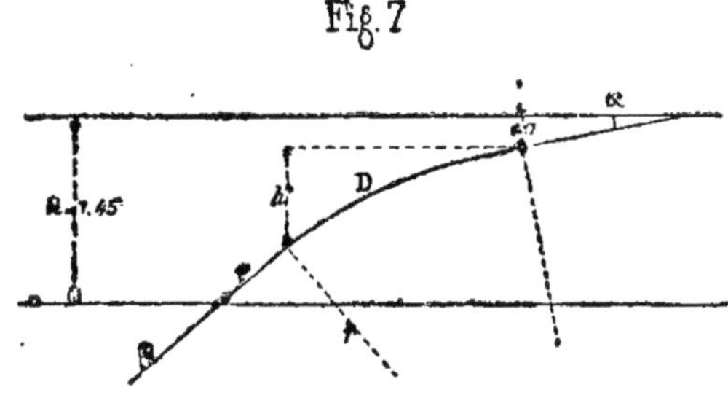

Données

$$t + D = L, \quad \alpha, \beta, h.$$

On a

$$r = \frac{1,34 - t \sin \beta}{\cos \alpha - \cos \beta} = \frac{D}{\beta - \alpha} = \frac{L - t}{\beta - \alpha},$$

---

(1) Nous avons vu souvent employer des formules approximatives, parce qu'elles sont, en général, plus simples ; dans tous les cas, leur emploi est bien limité. Si l'on fait

$$\sin \tfrac{1}{2}(\beta + \alpha) = \frac{\beta + \alpha}{2} \quad \sin \tfrac{1}{2}(\beta - \alpha) = \frac{\beta - \alpha}{2},$$

on arrive à

$$r = \frac{2,68}{\beta^2 - \alpha^2}.$$

d'où

$$t = \frac{1,34\,(\beta-\alpha) - L\,(\cos\alpha - \cos\beta)}{\sin\beta\,(\beta-\alpha) + \cos\beta - \cos\alpha}. \qquad (a)$$

On a ensuite

$$\text{B} \qquad\qquad r = \frac{L-t}{\beta-\alpha}.$$

3e *Cas.* —La distance entre la pointe du cœur et le talon de l'aiguille mesurée sur la voie incidente, et non sur la voie raccordée, est donnée.

Ce cas est évidemment le plus pratique, cette distance étant prise telle que, enlevant un certain nombre de rails à la voie incidente, on puisse introduire un appareil sans autre dérangement de la voie et sans coupe de rail.

Fig 8

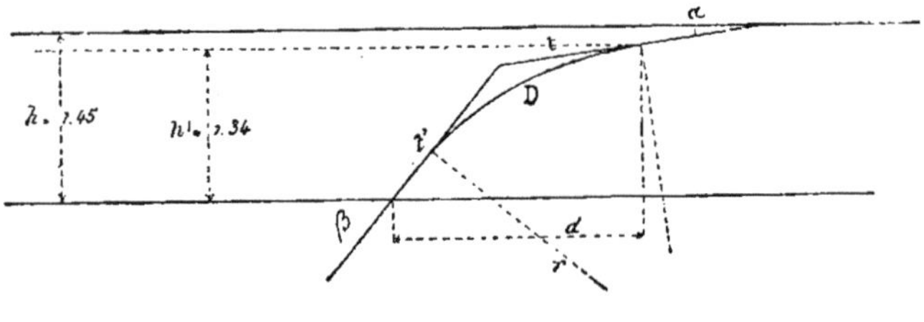

Données

$$\alpha,\ \beta,\ h,\ d.$$

Il faut d'abord déterminer les tangentes tt' des relations

$$t \sin\alpha + t' \sin\beta = h'$$
$$t \cos\alpha + t' \cos\beta = d.$$

On tire

$$t = \frac{d \sin \beta - h' \cos \beta}{\sin (\beta - \alpha)}, \qquad (b)$$

$$t' = \frac{d \sin \alpha - h' \cos \alpha}{\sin (\alpha - \beta)}. \qquad (b')$$

On prend alors la plus petite des valeurs.

Pour les valeurs de d en usage, c'est t. On a

$$(C) \qquad r = \frac{t}{\tang \frac{1}{2} (\beta - \alpha)}, \quad D = (\beta - \alpha) r.$$

La valeur maximum du rayon correspondrait à $t = t'$; cette condition fixe la valeur de d, et on retombe sur la formule (A) du 1er cas. On trouve en effet

$$d = \frac{h'}{\tang \frac{1}{2} (\beta + \alpha)} = 2\, r \cos \frac{1}{2} (\beta + \alpha) \sin \frac{1}{2} (\beta - \alpha),$$

$$r = \frac{h'}{\cos \alpha - \cos \beta}.$$

Pour l'application du tracé, il est nécessaire d'avoir les ordonnées de la courbe.

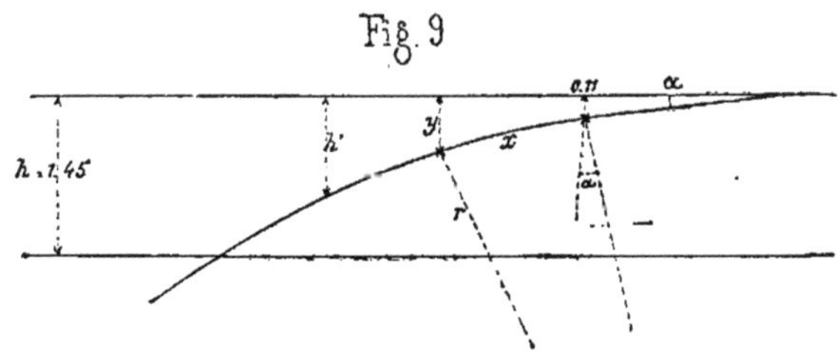

Fig. 9

Pour une longueur x menée sur la courbe, on a

$$\psi = \frac{x}{r},$$

$$v = 0{,}11 + 2\,r \sin \tfrac{1}{2} (\psi + 2\,\alpha) \sin \tfrac{1}{2} \psi.$$

Cette formule est applicable aux trois cas que nous venons d'examiner, l'origine de la courbe se trouvant toujours au talon de l'aiguille; dans le cas contraire, la cote 0,11 varierait avec la longueur de la partie droite.

CHAPITRE II

DU BRANCHEMENT SUR VOIES EN COURBE

La solution du branchement sur voies en courbe repose sur le problème suivant, qui se rencontre fréquemment dans les questions relatives aux tracés des voies : nous allons traiter la question dans tout son développement, nous réservant d'apprécier la solution théorique de la question en ce qui concerne son application aux branchements.

Etant données deux circonférences concentriques, les couper par un arc de cercle suivant deux angles donnés.

Ce problème se retrouve dans le tracé des aubes de la roue Poncelet, des turbines, de la pompe centrifuge; la question n'a d'intérêt, dans ces cas, qu'au point de vue purement graphique; nous en donnons deux solutions (*fig.* 1).

Supposons le problème résolu. Soit $o'a$ le rayon du cercle, α et β les deux angles donnés; décrivons la circonférence tangente au rayon $o'b$, abaissons le rayon perpendiculaire om et décrivons l'arc mn, la longueur $bm = an$ est connue ; le problème revient donc à faire passer par le point n une circonférence qui coupe orthogonalement la circonférence om, le centre o' se trouve sur l'axe radical de la circonférence om, et du point n cet axe Kp coupe la ligne az au point o'.

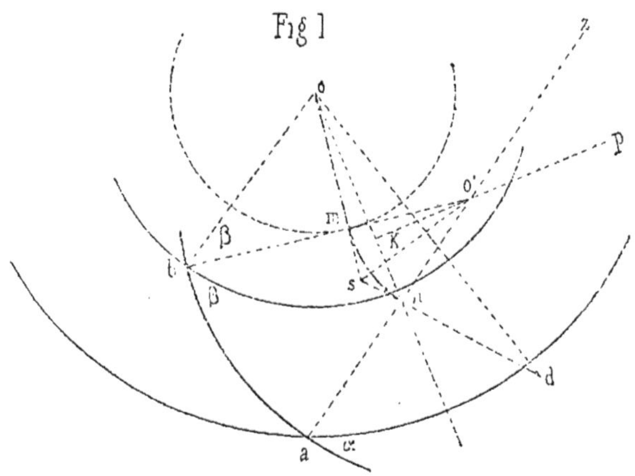

Ou bien on détermine le point o' en prenant $nd = om$ perpendiculairement à an et la perpendiculaire sur le milieu de od donne le point o' sur az.

Une circonférence en sens contraire résout aussi la question, le problème est le même *(fig. 2)* ; la longueur connue bm, au lieu d'être portée à l'intérieur, est portée à l'extérieur, et le problème est ramené au même que ci-dessus.

Les mêmes constructions conduisent à la solution dans le cas où les circonférences, au lieu d'être concentriques, seraient quelconques.

Autre solution *(fig. 3)*. Au point A faire un angle α, sur le rayon au point o faire l'angle $(\beta+\alpha)$ avec le rayon o A.

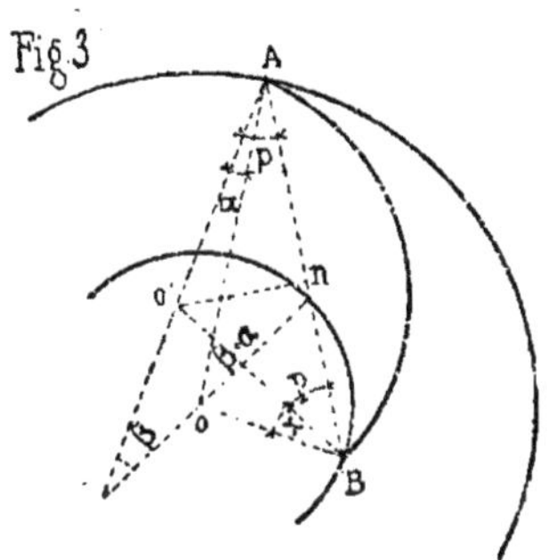

Fig. 3

La ligne A K détermine le point B, l'angle $x = \beta$.

En effet,

$$x + p = \beta + \alpha + p - \alpha,$$
$$x = \beta.$$

Solution trigonométrique *(fig.* 4 et 5).

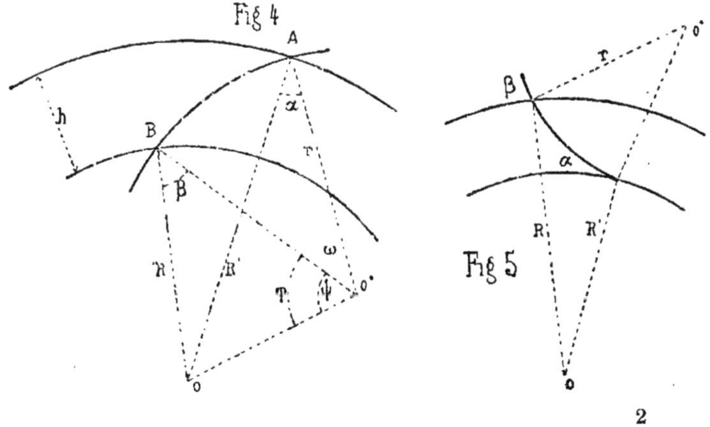

Fig 4

Fig 5

Exprimant la distance des centres oo' en fonction des angles α et β et des rayons $RR'r$, il vient, suivant que les circonférences sont dans le même sens ou en sens contraire :

$$R'^2 + r^2 \mp 2\,R^1\,r\,\cos\alpha = R^2 + r^2 \mp 2\,Rr\cos\beta,$$

$$r = \frac{R'^2 - R^2}{2\,(\pm\,R'\cos\alpha \mp R\cos\beta)}\,,$$

Mais

$$R' = R \pm h.$$

$$(A)\qquad r = \frac{R\,h \pm \dfrac{h^2}{2}}{R\,(\cos\alpha - \cos\beta) \pm h\cos\alpha}.$$

Si $\quad R = \infty \qquad r = \dfrac{h}{\cos\alpha - \cos\beta}\,,\qquad$ formule trouvée.

Si $\quad \alpha = \beta \qquad\qquad r = \dfrac{R \pm \dfrac{h}{2}}{\pm\cos\alpha}.$

Discussion de la formule (A).

1° Courbe dans le même sens :

$$r = \frac{R\,h + \dfrac{h^2}{2}}{R\,(\cos\alpha - \cos\beta) + h\cos\alpha}.$$

Cette équation est du second degré; ne renfermant pas les carrés des variables, elle ne peut représenter qu'une hyperbole rapportée à des axes parallèles aux asymptotes.

Désignons par

$$R_1 = \frac{h}{\cos \alpha - \cos \beta},$$

le rayon dans le cas de droite parallèle.

La formule devient

$$r = \frac{\left(R + \dfrac{h}{2}\right) R_1}{R + R_1 \cos \alpha},$$

ou

$$(R_1 - r)(R + R_1 \cos \alpha) = R_1 \left(R_1 \cos \alpha - \frac{h}{2} \right).$$

Faisant $R_1 \cos \alpha = M$,

$$R_1 \left(R_1 \cos \alpha - \frac{h}{2} \right) = K^2,$$

il vient

$$(R_1 - r)(R + M) = K^2.$$

Si nous prenons $R_1 - r$ comme ordonnée (*fig.* 6) et

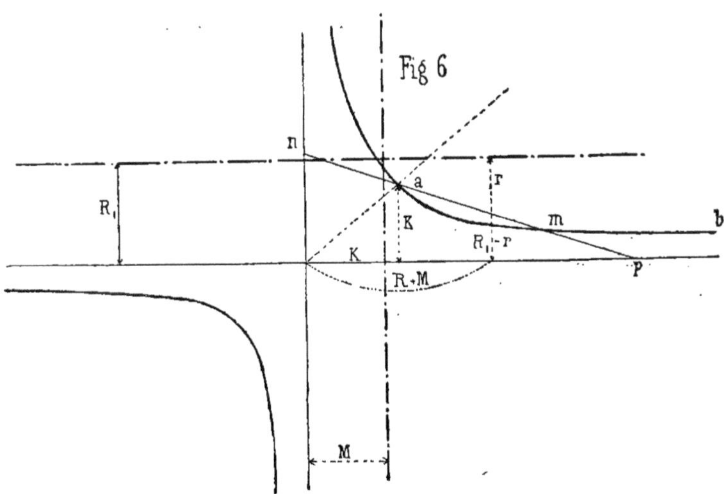

R+M comme abscisse, nous avons une hyperbole rapportée à ses asymptotes, la partie $a\,b$ de la courbe est seule utile dans le cas qui nous occupe.

La construction de cette courbe s'opère, soit par le calcul direct, soit graphiquement par l'application de la propriété suivante :

Les portions de transversales comprises entre la courbe et ses asymptotes sont égales.

Ainsi l'on a

$$an = mp;$$

les coordonnées du point a sont égales à K.

Pour avoir directement r et R, il suffit de prendre des axes parallèles aux premiers, les abscisses de la nouvelle origine sont respectivement $R_1 \cos \alpha$ et R_1.

Dans le cas de courbe en sens contraire, on arrive à

$$(r - R_1)\,(R - M) = K^2;$$

il est facile de voir que cette équation en r et R est représentée par la deuxième branche de l'hyperpole.

Les relations entre les rayons, pour chaque couple de croisements différents, sont donc représentées par une série d'hyperboles ; mais, comme on opère sur des nombres, en général assez grands, un tableau graphique ne pourrait représenter qu'un nombre limité de solutions ; il est vrai que l'on pourrait simplifier la représentation graphique en considérant que l'on peut remplacer

$$(R_1 - r)\,(R - M) = K^2;$$

par

$$(\log\,(R_1 - r) + \log.\,(R - M) = 2 \log K$$

ou
$$y' + x' = 2 \log K,$$

équation qui représente une ligne droite inclinée à 45 degrés sur les axes. Si l'on adoptait cette représentation graphique, il faudrait inscrire sur l'échelle, au lieu des logarithmes, les nombres correspondants.

La formule A' est susceptible d'une transformation remarquable.

En la considérant sous la forme.

(B) $$\qquad (r - R_1)\,(R \pm M) = \mp K^2,$$

qui peut s'écrire :

$$\frac{1}{R_1} - \frac{1}{r} \pm \frac{M}{RR_1} \pm \frac{M}{Rr} \pm \frac{K^2}{RR_1 r} = 0$$

ou

$$\frac{1}{R_1} - \frac{1}{r} \pm \frac{\cos \alpha}{R} \mp \frac{R_1 \cos \alpha}{Rr} \pm \frac{R_1 \cos \alpha - \dfrac{h}{2}}{Rr} = .$$

Soit

$$\frac{1}{R_1} - \frac{1}{r} \pm \frac{\cos \alpha}{R} = 0, \quad \text{à} \quad \mp \frac{h}{2 Rr} \quad \text{près.}$$

Enfin, remarquant que les angles en usage sont petits, et qu'on a sensiblement $\cos \alpha = 1$, on peut prendre

$$\frac{1}{R_1} - \frac{1}{r} \pm \frac{1}{R} = 0;$$

par suite

(C) $$\qquad \frac{1}{r} = \frac{1}{R_1} \pm \frac{1}{R},$$

ou

$$r = \frac{R R_1}{R \pm R_1};$$

— 22 —

l'erreur totale commise pour le rayon serait de

$$\mp \frac{r^2\,(1-\cos\alpha)}{R} \pm \frac{h\,r}{2\,R} < \frac{h\,r}{2\,R}.$$

La relation (C) fait voir *que la courbure de la voie transversale est égale à la courbure de cette voie dans l'hypothèse de la voie traversée droite, augmentée ou diminuée de la courbure de la voie traversée, suivant que les voies sont dans le même sens ou en sens contraire.*

Ce principe, suffisamment vrai en pratique, est susceptible d'une explication géométrique fort simple.

En effet (*fig.* 7 et 8),

$$\beta \pm \psi = \alpha + \varphi,$$
$$\beta - \alpha = \varphi \mp \psi.$$

Fig 7 et 8

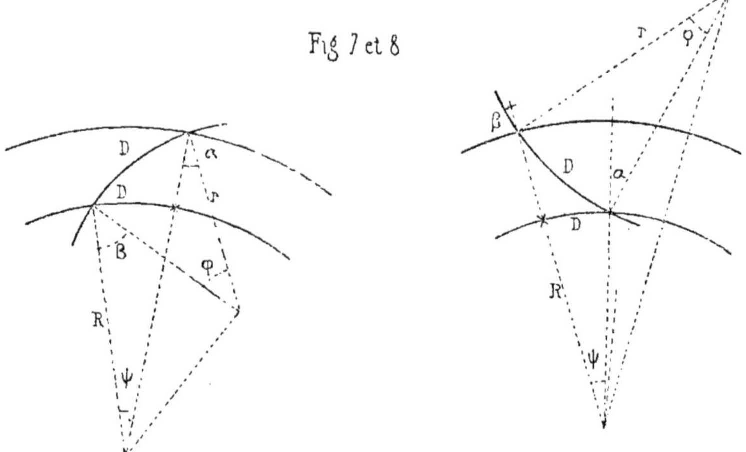

Soient D et D' les développements mesurés sur chacune des deux voies :

$$\beta - \alpha = \frac{D'}{r} \mp \frac{D}{R};$$

approximativement si l'on fait D=D'=longueur dans le cas de droites

$$\frac{\dfrac{1}{D}}{\beta-\alpha} = \frac{1}{r} \mp \frac{1}{R},$$

ou

$$\frac{1}{r} = \frac{1}{R_1} \pm \frac{1}{R}.$$

CHAPITRE III.

DU BRANCHEMENT SUR VOIES EN COURBES

(Suite)

Les appareils de croisements et de changements, que nous avons considérés dans l'étude du branchement sur voie droite, s'appliquent sans modifications aux branchements en courbe ; de sorte que si l'on veut tenir compte des parties droites que comportent ces appareils, la question se complique en ce sens que les angles, aux points de raccords, sont modifiés par la courbure des voies.

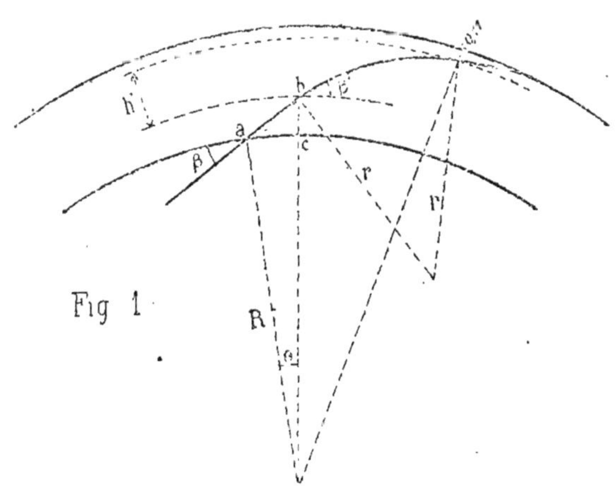

Fig 1

En effet (*fig.* 1) l'angle β', formé à l'extrémité de l'alignement droit du rail coudé, est plus grand ou plus petit que l'angle β selon que les courbes sont dans le même sens ou en sens contraire, et l'on a

$$\operatorname{tang} \beta' = \frac{\mathrm{R}\sin\beta \pm ab}{\mathrm{R}\cos\beta} = \operatorname{tang}\beta \pm \frac{ab}{\mathrm{R}\cos\beta}.$$

Les angles de croisement étant très petits, on peut prendre

$$\beta' = \beta \pm \frac{ab}{\mathrm{R}}.$$

Il faut aussi pour avoir h' connaître bc qui peut se calculer, puisque le triangle aob est connu (deux côtés R et ab et l'angle en a).

On a ensuite $bc = ob - \mathrm{R}$ ou $\mathrm{R} - ob$ suivant le sens des courbes.

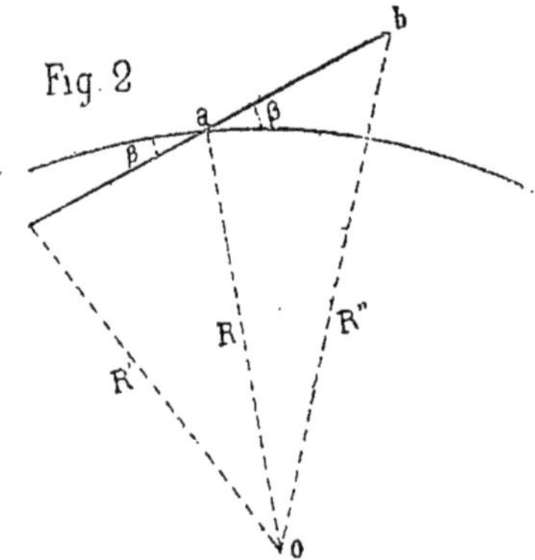

Ou bien encore remarquant que (*fig.* 2)

$$bc = \frac{(2\mathrm{R}\sin\beta \pm ab)\,ab}{2\mathrm{R} + bc},$$

on pourrait prendre

$$b c = ab \sin \beta \pm \frac{\overline{ab^2}}{2R}.$$

On a ensuite

$$h' = 1{,}45 - bc - 0{,}11.$$

Pour calculer l'angle formé au talon des aiguilles, la question est inverse, la cote 0,11 étant constante.

Mais, dans ce cas, on a : $ab = ac$ (*fig.* 3),

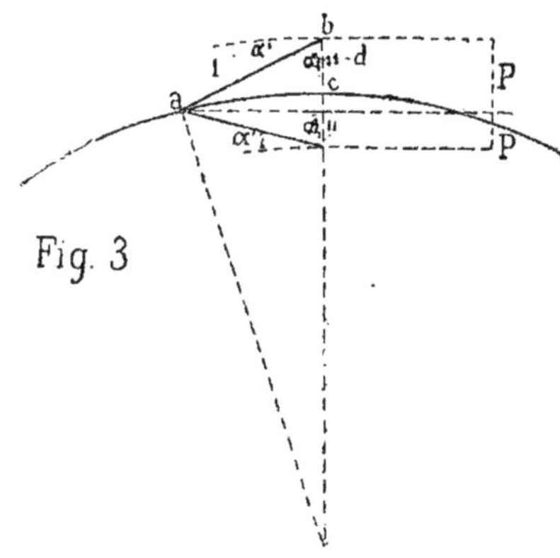

Fig. 3

$$p = d \pm \frac{l^2}{2R},$$

$$\sin \alpha' = \frac{0{,}11}{l} \pm \frac{l}{2R} = \alpha'.$$

Pour l'avoir plus exactement, il faudrait calculer par les triangles *aob* ou *oab'* suivant le cas (deux côtés et l'angle compris θ).

Ces calculs effectués, nous obtiendrons le rayon de raccordement par la formule connue

$$(A) \qquad r = \frac{Rh' \pm \dfrac{h'^2}{2}}{R(\cos \alpha' - \cos \beta') \pm h' \cos \alpha}.$$

+ pour les courbes de même sens et — pour les courbes en sens contraire.

Les angles α' et β' étant variables avec le rayon R, on voit que le calcul d'un branchement en courbe est une opération assez laborieuse, car la relation qui lie R et r n'est pas très simple, et, de plus, il reste à calculer le

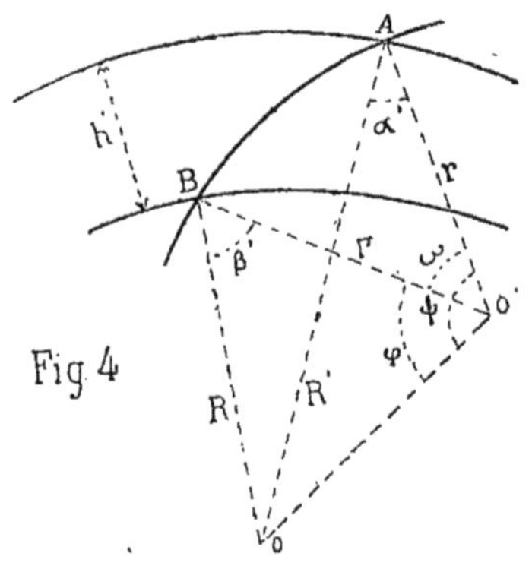

Fig 4

développement AB (*fig.* 4) de la partie courbe du branchement; pour cela, il faut calculer l'angle ψ dans le triangle Aoo' l'angle φ dans le triangle Boo'.

On aura ensuite

$$\omega = \psi - \varphi,$$

$$AB = \omega R.$$

Il est bien évident qu'on simplifierait la question si l'on prenait les angles α' et β' constants et égaux respectivement à α et β, ce qui conduit à négliger l'alignement droit du rail coudé; cet alignement droit, étant du reste très faible, se confond avec la courbe.

D'un autre côté, en faisant $\alpha = \alpha'$, l'erreur angulaire commise sera

$$\varepsilon = \pm \frac{l}{2\mathrm{R}}.$$

Si nous prenons comme type les aiguilles de la Compagnie de Lyon $l = 5^{\mathrm{m}},40$ et un rayon minimum $250^{\mathrm{m}},00$.

$$\varepsilon = \frac{5,40}{500} = 0,0108 \text{ au maximum};$$

il se produira donc, dans l'hypothèse ci-dessus, au talon de l'aiguille, une déviation de la voie qui sera mesurée par un angle de $0^{\mathrm{m}},0108$.

Or, les aiguilles sont elles-mêmes placées en déviation mesurée par

$$\frac{0,11}{5,40} = 0,0204,$$

c'est-à-dire le double de celle produite par l'hypothèse $\alpha = \alpha'$.

Ces considérations étant développées, on voit donc qu'en pratique on peut supposer $\alpha = \alpha' \quad \beta = \beta'$.

De sorte que tous les rayons de branchement pour un même type de croisement seront donnés par la formule connue

$$(\mathrm{B}) \qquad r - \mathrm{R}_1 = \frac{\mp \mathrm{K}^2}{\mathrm{R} \pm \mathrm{M}},$$

dans laquelle

$$\mathrm{M} = \mathrm{R}_1 \cos \alpha, \ \mathrm{K}^2 = \mathrm{R}_1 \left(\mathrm{R}_1 \cos \alpha - \frac{h}{2} \right), \ \mathrm{R}_1 = \frac{1,34}{\cos \alpha - \cos \beta}, \ h = 1,34.$$

On pourrait dresser à l'avance un tableau des valeurs de r en fonction de R, et l'on verrait de suite si un croisement donné conduit à un rayon acceptable.

2ᵉ *cas.* La solution que nous venons de développer conduit à une longueur d'appareil qui varie avec le rayon de la voie sur laquelle est établi le branchement, ce qui conduirait à introduire des coupons sur cette voie. (Voir la remarque que nous avons faite, 3ᵉ *cas*, p. 468.)

Un usage, généralement répandu, consiste à donner une longueur invariable entre le cœur et l'aiguille, quel que soit le rayon de la voie portant le branchement et mesurée sur cette voie.

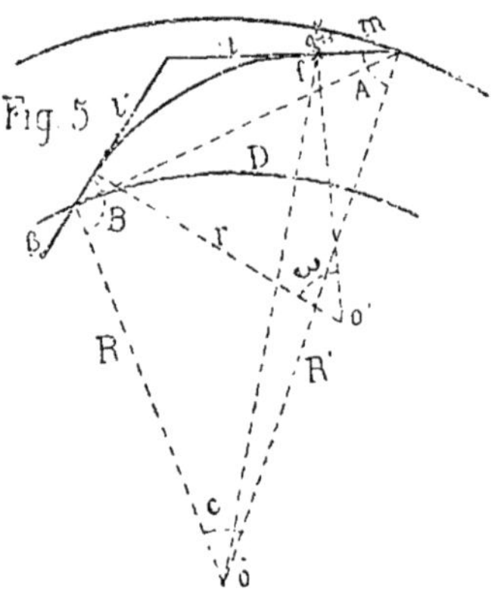

Dans ce cas, sont donnés RR' D, β, l (*fig.* 5), il faut d'abord calculer les tangentes t, t' ; pour cela, remarquons que le quadrilatère o BSA est déterminé, car les côtés RR' sont connus.

L'angle en

$$B = β + 90°,$$

et l'on aura l'angle A dans le triangle ofA (deux côtés et l'angle compris).

L'angle au centre $C = \dfrac{D}{R}$.

On résoudra ensuite le triangle BOA (deux côtés et l'angle compris).

Puis le triangle BAS (un côté et les deux angles adjacents) qui donnera les tangentes t, t'.

L'angle en

$$S = 360° - (A + B + C);$$

l'angle au centre

$$\varphi = A + B + C - 180°.$$

Connaissant les tangentes t et t' ainsi que leur angle, le rayon de raccordement sera facile à déterminer. On pourra, si l'on veut en tenir compte, déduire de ces tangentes les alignements droits des appareils.

Soit : c la longueur du rail coudé,

l étant toujours la longueur des aiguilles.

Si

$$t' - c < t - l, \quad r = \frac{t' - c}{\tang \frac{1}{2}\varphi}.$$

Si

$$t' - c > t - l, \quad r = \frac{t - l}{\tang \frac{1}{2}\varphi}.$$

Il résulte de tout ce que nous venons de voir que, quelle que soit la façon dont on se pose la question, la solution rigoureuse du branchement en courbe entraîne à de longs calculs et, par cela même, cesse d'être pratique. Aussi se contente-t-on, le plus souvent, d'appliquer l'épure calculée du branchement sur voie droite en conservant les mêmes cotes d'écartement entre la voie incidente et la voie raccordée; autrement dit, on enveloppe le tracé de voie droite sur la voie incidente. Il en résulte un allongement ou un raccourcissement de la voie raccordée, suivant le sens des courbes; la courbe que l'on obtient, en opérant ainsi, n'est plus un arc de cercle et se transforme en une transcendante dont l'équation polaire, en prenant pour axe le rayon de la voie en courbe correspondant au talon des aiguilles et pour pôle le centre.

$$(R_1 \cos \alpha + 0,11 + R - r)^2 + (R_1 \sin \alpha + R\theta)^2 = R_1^2,$$

r étant le rayon vecteur et θ son inclinaison sur l'axe.

Dans l'étendue du branchement, cette courbe conserve une courbure qui est sensiblement égale à

$$\frac{1}{R_1} \pm \frac{1}{R}.$$

En résumé, dans un tracé général de voie, on se dispense de calculer les branchements; on se contente de les indiquer avec leur longueur totale cotée sur la voie qui les reçoit. Cependant, si l'on avait à établir le branchement de deux voies en service, devant être livrées au bout d'un temps déterminé, il importe que toutes les longueurs soient arrêtées à l'avance, si l'on ne veut pas avoir de déceptions, et encore, dans ce cas, nous croyons qu'il serait plus prudent, eu égard aux défauts qui peuvent exister dans la pose primitive, d'opérer le piquetage sur place; après avoir arrêté la position du branchement et du croisement à la demande des joints de la voie qui les reçoit, on chaîne alors exactement sur le piquetage même, et l'on arrête de cette façon la longueur des coupons de la voie raccordée à préparer à l'avance, s'il y a lieu.

CHAPITRE IV

DES RACCORDEMENTS

A la sortie d'un branchement, la voie en déviation va se raccorder avec sa direction générale ou va se brancher sur une voie adjacente, directement ou en traversant une ou plusieurs voies.

Ces trois cas sont représentés par les figures 1, 2, 3.

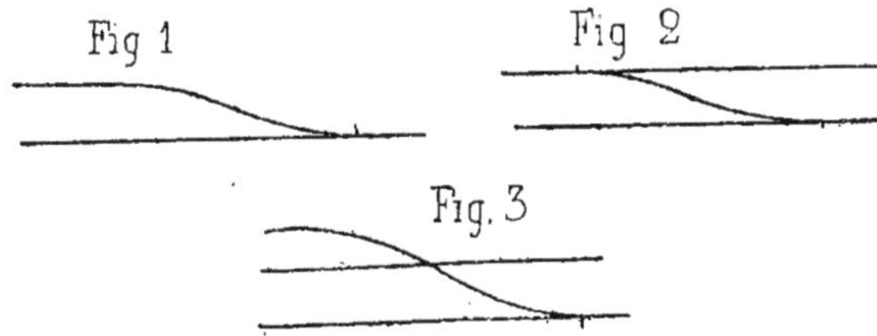

Dans le premier cas, il y a raccordement simple; dans le deuxième, communication, et dans le troisième, traversée de voie.

Le raccordement simple peut se faire, soit par une seule courbe, soit par deux courbes avec ou sans alignement droit.

1° Raccordement dans le cas de voies droites parallèles (fig. 4).

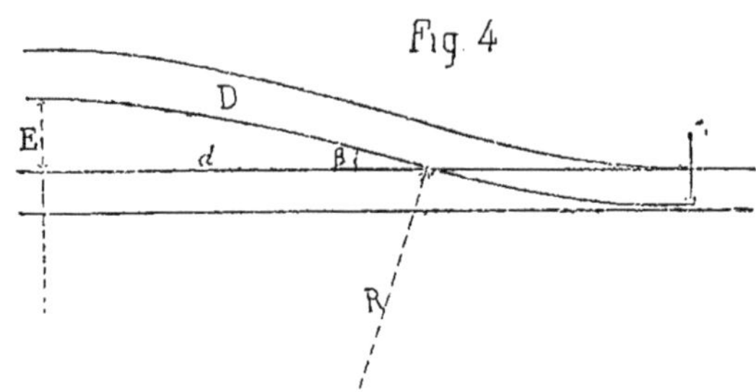

Étant donnée l'entrevoie E, l'angle β du croisement, on a directement

$$E = R_1 (1 - \cos \beta);$$

d'où

$$R_1 = \frac{E}{1 - \cos \beta} = \frac{E}{\sin v\beta)} = \frac{E}{2 \sin^2 \frac{1}{2} \beta}. \qquad (a)$$

On déduit ensuite

$$D = R_1 \beta. \quad d = R_1 \sin \beta.$$

Si l'on voulait conserver un alignement droit à la sortie du croisement, on aurait (fig. 4 *bis*).

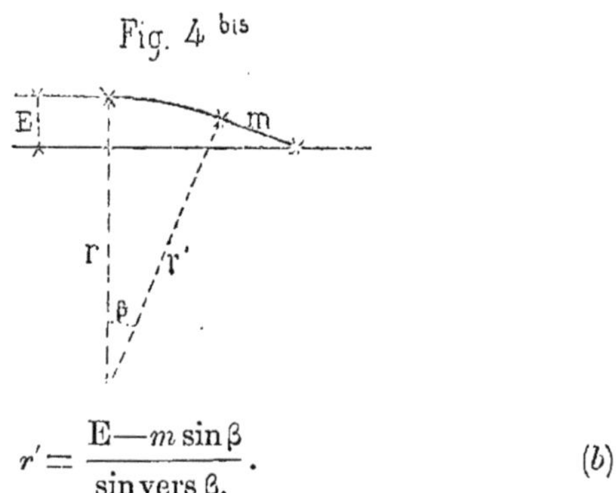

$$r' = \frac{E - m \sin \beta}{\sin \mathrm{vers}\, \beta}. \qquad (b)$$

Si, au contraire, le rayon r' était donné, on en déduirait

$$m = \frac{\mathrm{E} - r' \sin \text{vers } \beta}{\sin \beta}$$

2° Raccordement dans le cas de voies parallèles en courbes (*fig.* 5 et 6).

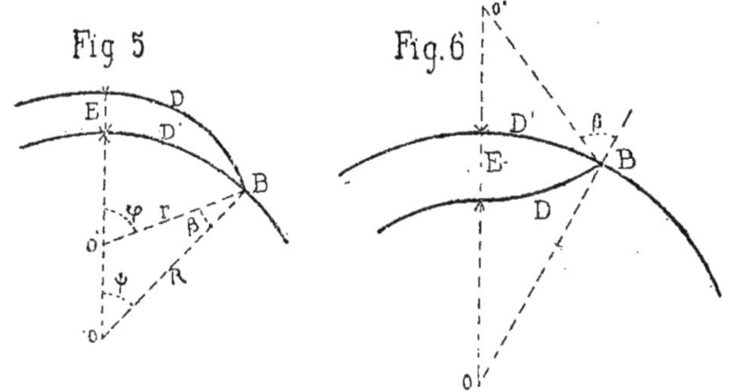

Nous avons trouvé que l'arc de cercle qui coupait deux circonférences concentriques suivant deux angles α et β, avait pour rayon

$$r = \frac{\mathrm{R}h \pm \dfrac{h^2}{2}}{\mathrm{R}(\cos \alpha - \cos \beta) \pm h \cos \alpha}. \qquad (\mathrm{A})$$

Faisant dans cette formule et dans le cas qui nous occupe

$$\alpha = 0, \qquad h = \mathrm{E},$$

il vient

$$r = \frac{\mathrm{RE} \pm \dfrac{\mathrm{E}^2}{2}}{\mathrm{R}(1 - \cos \beta) \pm \mathrm{E}}. \qquad (\mathrm{B})$$

On résoudra ensuite le triangle $oo'\mathrm{B}$ (deux côtés et l'angle compris), on en déduira

$$\mathrm{D}' = \Psi \mathrm{R}, \quad \mathrm{D} = \varphi r.$$

Nous avons vu que la formule A, dans le cas d'un écartement constant des circonférences concentriques, pouvait se simplifier en se généralisant.

Toutes les transformations que nous avons fait subir à cette formule sont directement applicables à la formule B.

En sorte que R_1 représentant le rayon dans le cas de droite pour une entrevoie déterminée et faisant

$$R_1\left(R_1-\frac{E}{2}\right)=K^2,$$

on aura les relations suivantes

$$(r-R_1)(R\pm R_1)=K^2,$$

$$\frac{1}{r}=\frac{1}{R_1}\pm\frac{1}{R}\qquad\text{à}\qquad\pm\frac{E}{2Rr}\text{près};$$

le signe supérieur s'applique aux courbes dans le même sens et le signe inférieur aux courbes en sens contraire.

Il peut arriver que le rayon r ainsi obtenu fût beaucoup plus grand que le minimum des rayons employés ; il en résulte que le point de raccordement se trouve porté à une distance trop grande du croisement ; il y a alors perte de garage franc.

On pourra se donner un rayon minimum et faire le raccordement par la combinaison de deux arcs en sens contraire, ou en introduisant une longueur droite à partir du cœur.

Soient donnés (*fig.* 7) les rayons R, r, l'entrevoie E et l'angle de croisement β.

B étant la pointe de cœur, KB l'alignement droit

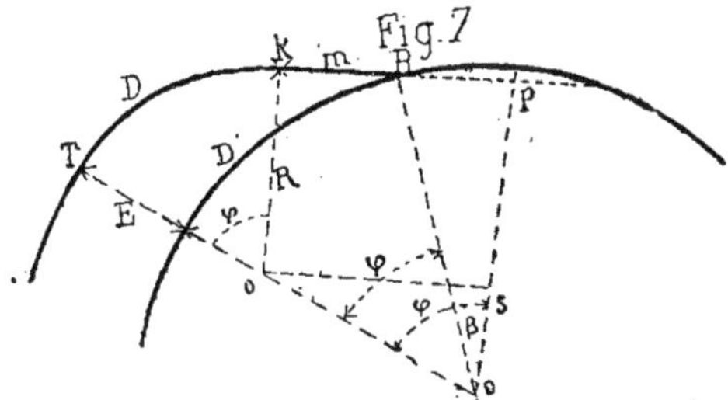

formant avec l'arc décrit du rayon r le raccordement de la voie branchée.

Prolongeons KB et abaissons les perpendiculaires op, $o's$, on voit que

$$oo' = R + E - r,$$

$$\cos \varphi = \frac{os}{oo'} = \frac{R\cos\beta - r}{R + E - r},$$

$$m = o's - Bp = (R + E - r)\sin\varphi - R\sin\beta,$$

$$\Psi = \varphi - \beta.$$

$$D = r\varphi, \qquad D' = R\Psi.$$

Si la voie D à raccorder était située à l'intérieur de la voie D', la courbe de raccordement change de sens (*fig.* 8).

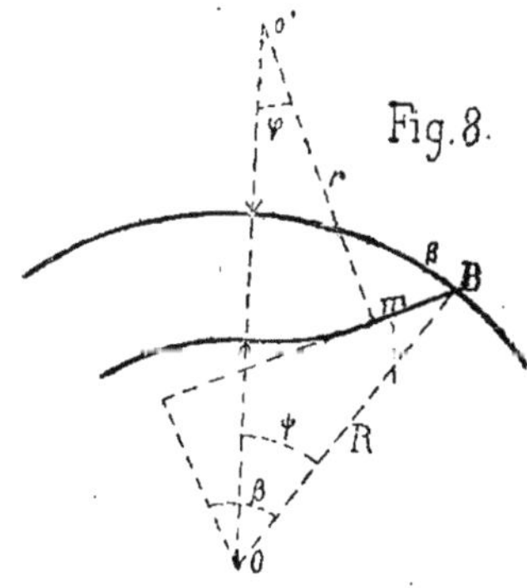

et l'on a

$$\cos \varphi = \frac{R \cos \beta + r}{R - E + r},$$
$$m = R \sin \beta - (R - E + r) \sin \varphi,$$
$$\Psi = \beta - \varphi.$$

Il peut arriver que la position du point de tangence soit donnée ; ce cas se présente souvent dans les gares où les voies sont longées par des quais ou coupées par des voies transversales qui limitent la position du point de raccordement. Dans ce cas, l'angle ψ se trouve déterminé, on en déduit l'angle φ. On calculerait la valeur de m par les formules ci-dessus et, si l'on arrivait pour m à une valeur négative, le rayon que l'on aurait adopté serait trop fort et l'on serait conduit à changer la position du branchement ou l'angle de croisement et quelquefois la disposition générale du tracé.

L'épure du tracé, qui doit toujours précéder les calculs, révèle presque toujours les cas d'impossibilité et peut l'indiquer d'une manière sûre si elle est faite avec soin.

3° Les voies à raccorder sont formées d'alignements droits et de courbes, comme le représentent les figures 9 et 10.

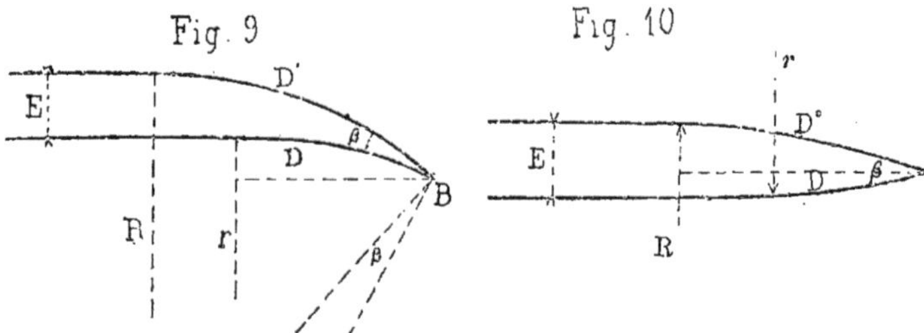

Dans tous les cas, la position du croisement B est donnée sur l'une ou l'autre des deux voies. On a alors les relations suivantes :

$$(1) \qquad \beta = \frac{D'}{R} \mp \frac{D}{r},$$

$$(2) \qquad E = R \sin \text{vers} \frac{D'}{r} \mp r \sin \text{vers} \frac{D}{r},$$

qui font connaître les éléments du tracé.

On pourrait aussi, dans tous les cas que nous venons d'examiner, faire le calcul des tangentes ; mais cette façon de procéder, outre qu'elle est plus longue. rentre moins dans l'esprit des méthodes employées dans ces sortes de calculs.

On n'aurait, du reste, qu'à procéder comme on le fait habituellement dans les tracés des courbes de raccordement.

Nous ferons remarquer, en outre, que la position du point B étant déterminée, le problème peut se ramener au premier cas que nous avons examiné, et il serait facile de conserver tel alignement que l'on voudrait, à partir du croisement (formule *b*).

4° Lorsque l'entrevoie des voies à raccorder est très considérable, la seule solution convenable est celle donnée par l'emploi de deux courbes en sens contraire. Il en serait de même si l'on devait conserver à la voie branchée le plus de longueur possible de garage franc, ce qui revient à donner au raccordement deux rayons égaux minima.

Soient donnés (*fig.* 11) l'entrevoie, le rayon et l'angle

de croisement E, r, β exprimant la valeur de l'entre-

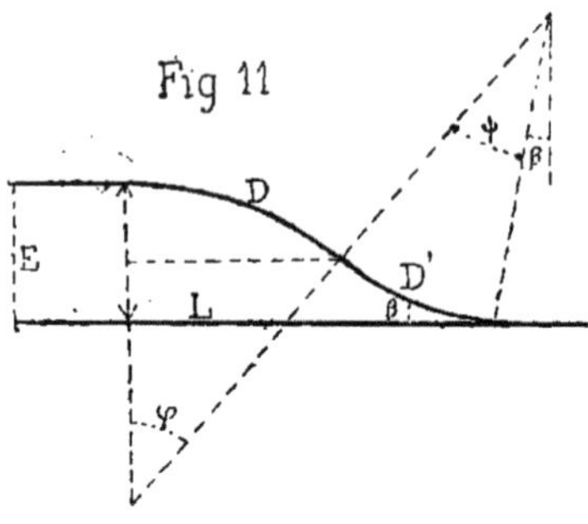

voie

$$E = 2r \text{ sin vers } \varphi - r \text{ sin vers } \beta;$$

d'où

$$\text{sin vers } \varphi = \frac{\text{sin vers } \beta + \dfrac{E}{r}}{2},$$

on a ensuite

$$D = \varphi\, r, \qquad D' = (\varphi - \beta)r,$$
$$L = r\,(2 \sin \varphi - \sin \beta).$$

La solution que nous venons de donner est loin d'être satisfaisante, quoique fréquemment employée, au point de vue du mouvement des véhicules sur la voie branchée.

En effet, toute voie en courbe est posée en devers; or le devers devient forcément nul au point d'inflexion sans pour cela que le rayon de courbure soit infini en ce point, et, pour changer le sens du devers, il devient nécessaire d'introduire un alignement droit intermédiaire, ce que l'on devra toujours faire si la voie est susceptible d'être parcourue avec une certaine vitesse ; cette longueur

droite est du reste déterminée pour une vitesse donnée
par le rayon de raccordement employé.

Soient donnés (*fig.* 12) le rayon de raccordement r,

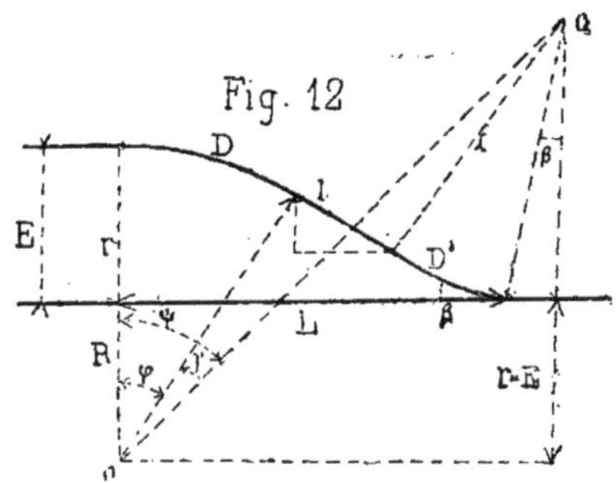

l'alignement l et l'angle de croisement β.

On a

$$oo' = \sqrt{4r^2 + l^2},$$

$$\cos \Psi = \frac{r\cos\beta + r - E}{oo'},$$

$$\operatorname{tang} \gamma = \frac{l}{2r},$$

$$\varphi = \Psi - \gamma,$$

$$D = \varphi r, \qquad D' = (\varphi - \beta)\, r,$$

$$L = r\,(2\sin\varphi - \sin\beta) + l\cos\varphi.$$

Si l'on emploie des rayons inégaux.

$$oo' = \sqrt{(R+r)^2 + l^2},$$

$$\operatorname{tang} \gamma = \frac{l}{R+r},$$

$$L = R\sin\varphi + r\,(\sin\varphi - \sin\beta) + l\cos\varphi;$$

5° Solution du problème précédent dans le cas de
voies en courbes.

Les données restant les mêmes R, R′ r, $r′$ β l (*fig.* 13).
Le triangle $oo′$β est déterminé par deux côtés et

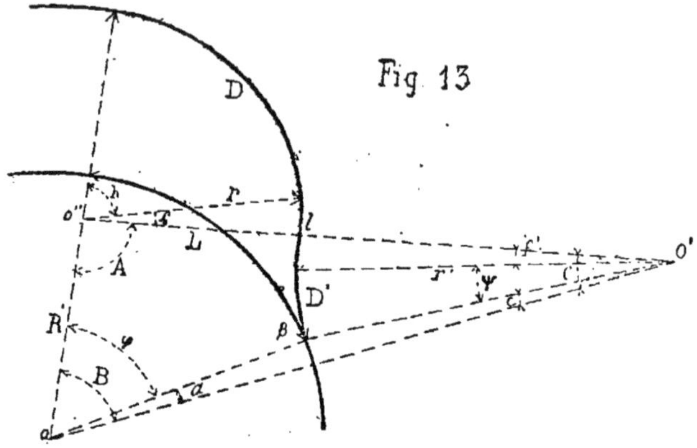

l'angle compris, on en détermine immédiatement $oo′$
ainsi que les angles a et c, de plus on a

$$o′o″ = \sqrt{(r+r′)^2 + l^2},$$
$$oo″ = R′ - r.$$

Le triangle $oo′\,o″$ est donc déterminé par ses trois
côtés, on en déduit les angles A, B, C, l'angle $f = f$ est
donné par

$$\tang f = \frac{l}{r+r′},$$

On a ensuite

$$\varphi = B - a, \qquad \Psi = C - c - f,$$
$$\lambda = 180° - A - f,$$
$$D = \lambda r, \qquad D′ = \Psi r′, \qquad L = \varphi R.$$

Les problèmes que nous venons de développer sont
ceux qui se présentent le plus souvent dans les tracés

de voies ; c'est pourquoi nous les avons traités avec détails. Cependant nous n'avons pas examiné le cas de courbes en sens contraire, lorsque le point de tangence est déterminé de position. Les rayons de raccordement deviennent alors les inconnus, et la solution rentre dans un cas général qui sera l'objet d'une étude spéciale.

CHAPITRE V

COMMUNICATIONS DE VOIES

Une communication de voie se compose de deux appareils complets de branchement raccordés par une partie *mnpq* (*fig*. 1).

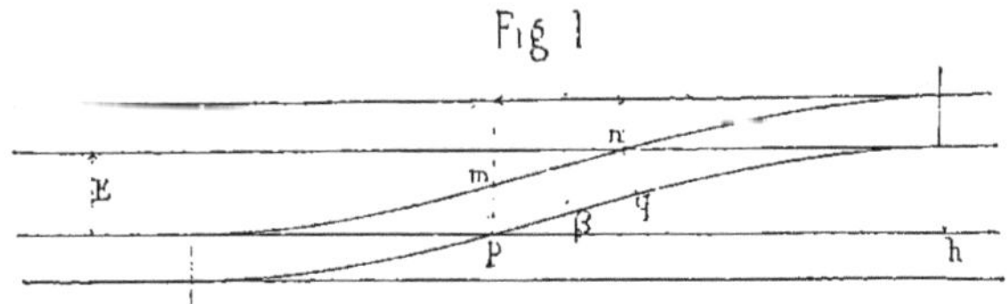

Si les deux angles de croisement sont égaux, la portion *mn* doit être droite,

Et on a

$$E = l \sin \beta + h \cos \beta,$$

d'où

$$l = \frac{E - h \cos \beta}{\sin \beta}$$

$$d = l \cos \beta - h \sin \beta.$$

Si les angles des croisements sont inégaux, la partie de voie considérée n'est plus droite.

On a, dans ce cas (*fig.* 2).

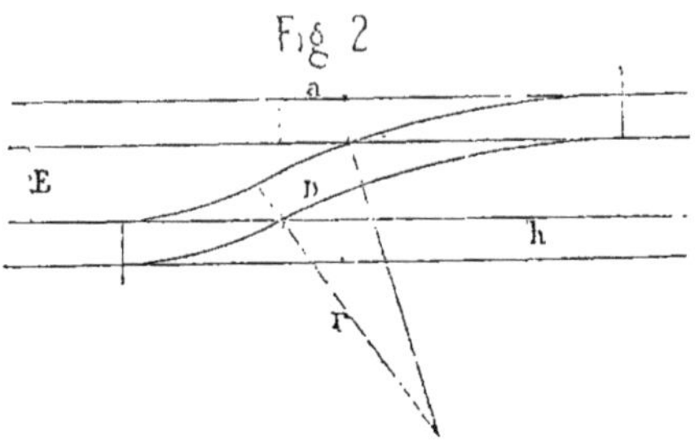

$$E = (r + h) \cos \beta' - r \cos \beta,$$

d'où

$$r = \frac{E - h \cos \beta'}{\cos \beta' - \cos \beta}$$

$$d = r \sin \beta - (r + h) \sin \beta'$$

$$D = (\beta - \beta') r.$$

Si les voies sur lesquelles sont établis les branchements sont en courbe, nous sommes conduits à un problème analogue à celui que nous avons examiné dans l'étude du branchement.

Soient donnés (*fig.* 3) le rayon intérieur R, l'entrevoie E et les angles β et β'.

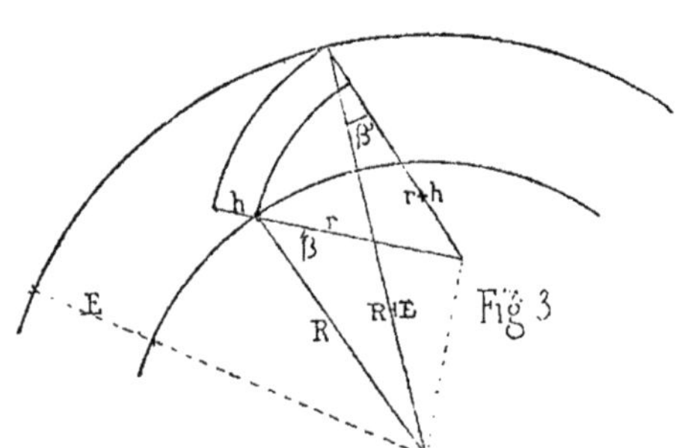

Exprimant la distance des centres en fonction des données et des inconnues de la question, il vient

$$(R + E)^2 + (r + h)^2 - 2(R + E)(r + h)\cos\beta' = r^2 + R^2 - 2Rr\cos\beta.$$

Développant et réduisant,

On a

$$A \quad 2r\left[R(\cos\beta' - \cos\beta) + E\cos\beta' - h\right] = 2R(E - h\cos\beta') + E^2 + h^2 - 2Eh\cos\beta',$$

d'où

$$r = \frac{2R(E - h\cos\beta') + E^2 + h^2 - 2Eh\cos\beta'}{2\left[R(\cos\beta' - \cos\beta) + E\cos\beta' - h\right]},$$

Cette formule est très longue à employer ; nous allons la simplifier en négligeant certaines parties qui compliquent l'expression sans en modifier sensiblement la valeur.

Remarquons d'abord que dans le cas de $R = \infty$ on a

$$R_1 = \frac{E - h\cos\beta}{\cos\beta' - \cos\beta},$$

L'expression A peut s'écrire

$$2Rr(\cos\beta' - \cos\beta) + 2r(E\cos\beta' - h = 2R(E - h\cos\beta' + (E - h\cos\beta')^2 + (1 - \cos^2\beta')h^2,$$

ou

$$B \quad 2Rr + 2r\left(\frac{E\cos\beta' - h}{\cos\beta' - \cos\beta}\right) = 2RR_1 + \left(\frac{E - h\cos\beta'}{\cos\beta' - \cos\beta}\right)^2 + \frac{\sin^2\beta\, h^2}{\cos\beta' - \cos\beta}.$$

Négligeant les deux derniers termes,

Il vient :

$$\frac{2}{R_1} + \frac{2}{R} \cdot \frac{E\cos\beta' - h}{E - h\cos\beta} = \frac{2}{r}.$$

Mais β' est en général assez petit pour que l'on ait sensiblement

$$\frac{\mathrm{E}\cos\beta'-h}{\mathrm{E}-h\cos\beta'} = \frac{\mathrm{E}-h}{\mathrm{E}-h} = 1.$$

On a donc

$$\frac{1}{r} = \frac{1}{\mathrm{R}_1} + \frac{1}{\mathrm{R}},$$

ou

$$\frac{1}{r} = \frac{\cos\beta'-\cos\beta}{\mathrm{E}-h\cos\beta'} + \frac{1}{\mathrm{R}}.$$

Dans le cas de $\beta'=\beta$ on déduit

$$r = \mathrm{R}.$$

Pour avoir le développement, il y aurait deux triangles à résoudre, comme dans le cas du branchement. Mais ce développement est très petit en général, et reste sensiblement égal à celui qui serait obtenu dans le cas de voies droites. On pourra donc calculer toutes les parties comme si les voies étaient droites, et l'on transformera le rayon par la formule

$$\frac{1}{r} = \frac{1}{\mathrm{R}_1} \pm \frac{1}{\mathrm{R}},$$

suivant que les courbes sont du même sens ou de sens contraire.

Si l'entrevoie était considérable, le raccordement, par une seule courbe, conduirait à trop éloigner les croisements. On emploie, dans ce cas, un tracé en courbe et contre-courbe.

Soient donnés (*fig.* 4) les angles $\beta\beta'$, l'entrevoie E et le rayon commun de raccordement r.

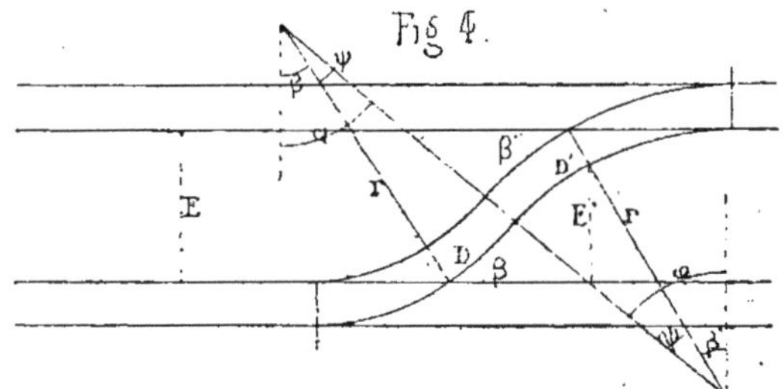

On voit que

$$E' = E - h\cos\beta' = r(\sin\text{vers}\,\varphi - \sin\text{vers}\,\beta' + \sin\text{vers}\,\varphi - \sin\text{vers}\,\beta),$$

d'où

$$\sin\text{vers}\,\varphi = \frac{E'}{2\,r} + \frac{\sin\text{vers}\,\beta + \sin\text{vers}\,\beta'}{2}$$
$$D' = (\varphi - \beta)\,r$$
$$D = (\varphi - \beta)\,r,$$

Si les angles β et β' sont égaux,

$$\sin\text{vers}\,\varphi = \frac{E'}{2\,R} + \sin\text{vers}\,\beta.$$

La solution la plus rationnelle consisterait à prendre pour rayon celui correspondant aux branchements,
Soit

$$r = \frac{h}{\sin\text{vers}\,\beta}.$$

On a alors

$$\sin\text{vers}\,\varphi = \frac{E' + 2\,h}{2\,r}.$$

On peut prendre

$$\sin \mathrm{vers}\,\varphi = \frac{\mathrm{E} + h}{2\,r}.$$

Dans le cas de voies en courbe, si l'on veut exprimer analytiquement les relations qui existent entre les données et les inconnues de la question, on arrive à des résultats peu pratiques, il vaut mieux procéder par partie.

Soient donnés (*fig.* 5) les rayons R R' r et les angles $\beta\beta'$.

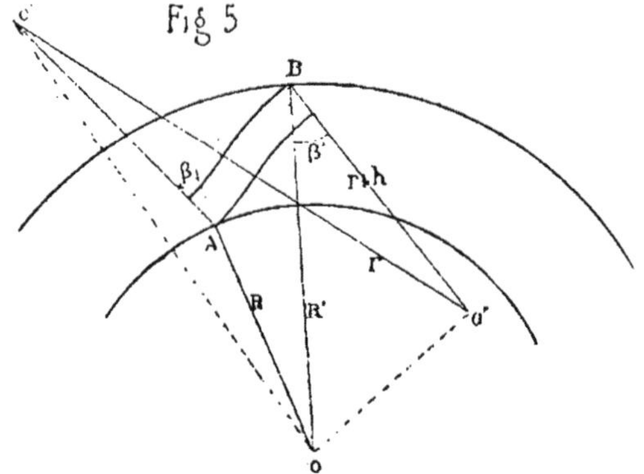

On calculera les triangles *oo'* A, *oo''* B (deux côtés et l'angle compris).

Le triangle *oo' o''* sera alors déterminé par ses trois côtés.

On en déduira tous les éléments de la figure.

DES TRAVERSÉES DE VOIES

Lorsque les deux voies qui se coupent sont rectilignes, les quatre angles de croisement sont égaux; le système est un losange facile à calculer; en effet (*fig.* 6),

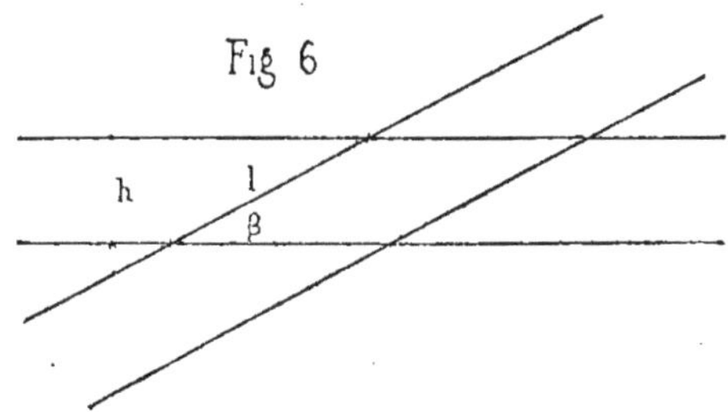

On a

$$l = \frac{h}{\sin \beta}.$$

Si les angles sont inégaux, le problème est résolu par la formule connue

$$R_1 = \frac{h}{\cos \alpha - \cos \beta}.$$

Dans le cas de voies en courbes, nous avons encore la formule générale

$$r = R_1 = \frac{\pm \, K^2}{R \pm M},$$

dans laquelle $M = R_1 \cos \alpha$.

$$K^2 = R_1 \left(R_1 \cos \alpha - \frac{h}{2} \right).$$

Il y aura, pour trouver le développement du parallélogramme curviligne, deux triangles à résoudre.

Mais on pourra conserver le même développement que dans le cas de voies droites, et transformer le rayon par la formule

$$\frac{1}{r} = \frac{1}{R_1} \pm \frac{1}{R}.$$

CHAPITRE VI

DES RACCORDEMENTS

Il arrive fréquemment, dans les tracés de voie, que la voie en raccordement est déterminée de position et de direction à ses deux extrémités. Dans ce cas, le problème pourra toujours se ramener à la question suivante :

Étant données les coordonnées de deux points sur un plan, les réunir par une courbe de raccordement dont les tangentes, en ses deux points, aient des directions déterminées ?

L'arc de cercle étant la seule courbe en usage dans les tracés de voie, l'ensemble de la courbe de raccordement sera composé de deux arcs de cercle tangents, ou séparés par une partie droite tangente commune à ces deux arcs.

Deux cas bien distincts peuvent se présenter. Suivant la disposition du raccordement, il peut se faire que les arcs soient dans le même sens ou en sens contraire et, par la nature même des données, il ne peut y avoir de doute sur le système qu'il convient d'employer; nous allons les étudier successivement.

Soit (*fig.* 1) a et b les coordonnées du point B, α l'angle que forme le dernier élément du raccordement avec la direction A X; R, r, les rayons de raccordement; l la longueur droite ménagée entre les deux courbes.

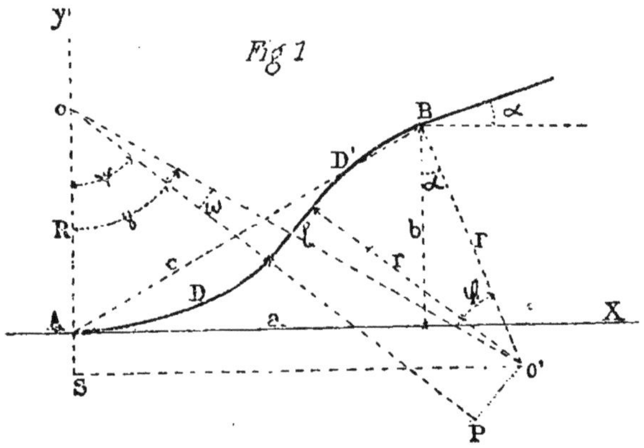

Exprimons en fonction des données et des inconnues de la question la distance des centres oo'.

$$(R + r)^2 + l^2 = (a + r \sin \alpha)^2 + (R + r \cos \alpha - b)^2.$$

Développant et remarquant que

$$r^2 \sin^2 \alpha + r^2 \cos^2 \alpha = r^2, \quad a^2 + b^2 = c^2,$$

il vient

$$(A) \quad Rr + R \cdot \frac{b}{1 - \cos \alpha} - r \frac{a \sin \alpha - b \cos \alpha}{1 - \cos \alpha} - \frac{c^2 - l^2}{2(1 - \cos \alpha)} = 0.$$

nous n'avons pas d'autre relation entre R et r; le problème est donc indéterminé.

Mais si l'un des rayons est donné, l'autre se déduira

immédiatement de l'équation (A). Faisons, pour simplifier,

$$\frac{b}{1-\cos \varkappa} = A, \quad \frac{a \sin \alpha - b \cos a}{1-\cos \varkappa} = B, \quad \frac{c^2 - l^2}{2\,(1-\cos \alpha)} = C,$$

il vient

$$R r + RA - r B = C,$$

ou

$$(R - B)\,(r + A) = C - AB.$$

Les constantes ABC étant une fois calculées, on voit qu'il sera facile de calculer autant de couples de rayons que l'on voudra qui satisferont à cette équation. La relation entre R et r est représentée, du reste, par une hyperbole rapportée à des axes parallèles aux asymptotes.

On peut se poser, comme condition, que $R = r$; on a alors

$$R^2 + R\,(A - B) - C = 0,$$
$$R = -\frac{A - B}{2} \pm \sqrt{\left(\frac{A - B}{2}\right)^2 + C}.$$

Le signe $-$, au radical, donnera en général une solution étrangère à la question.

Lorsqu'on aura déterminé, par les formules ci-dessus, les rayons de raccordement, on calculera les angles ψ et φ correspondants au développement des arcs.

Pour cela

$$oo' = \sqrt{(R + r)^2 + l^2}$$
$$\tang \omega = \frac{l}{R + r}$$
$$\sin \gamma = \frac{a + r \sin \alpha}{oo'}$$

ou bien pour éviter de calculer oo',

$$\tan g\, \gamma = \frac{a + r\sin\alpha}{R + r\cos\alpha - b},$$

On aura alors

$$\Psi = \gamma - \omega, \quad D = \Psi R,$$
$$\varphi = \Psi - \alpha, \quad D = \varphi r.$$

Si, au contraire, les rayons R et r étaient donnés, on pourrait déterminer la longueur l; pour cela, au lieu d'employer la formule, il vaudra mieux calculer de suite le triangle oo'S.

$$os = R + r\cos\alpha - b$$
$$o's = a + r\sin\alpha.$$

on en déduit

$$oo' = \sqrt{\overline{os}^2 + \overline{o's}^2}$$
$$l = \sqrt{\overline{oo'}^2 - (R + r)^2}.$$

On calculera ensuite les angles comme précédemment.

Si l'une des quantités a ou b était inconnue, les triangles oo'S et oo'P seraient toujours déterminés par l'hypoténuse et un côté de l'angle droit.

Le raccordement de deux voies parallèles rentre dans la solution de ce cas général (*fig*. 2).

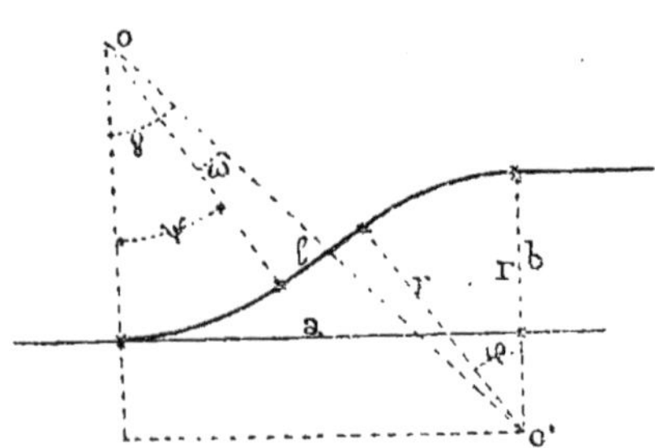
Fig 2

Il suffit, pour cela, de faire $\alpha = 0$ dans l'équation (A) ; elle devient

$$R + r = \frac{c^2 - l^2}{2\,b} = \frac{a^2 + b^2 - l^2}{2\,b}\,.$$

On a ensuite

$$\operatorname{tang}\gamma = \frac{a}{R + r - b}$$

$$\operatorname{tang}\omega = \frac{l}{R + r}, \quad \Psi = \varphi = \gamma - \omega.$$

Si l'on ne voulait pas d'alignement droit entre les deux courbes, il suffirait de faire $l = 0\,\omega = 0$ dans les formules.

COURBES DANS LE MÊME SENS.

Soient (*fig.* 3) a et b les coordonnées du point B, α l'angle que forme le dernier élément du raccordement

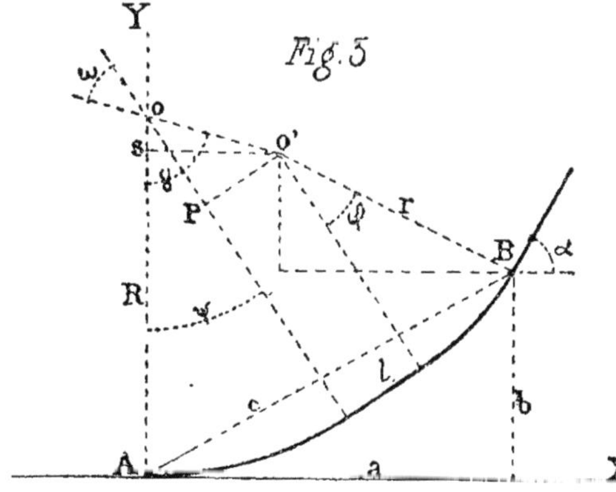

avec la direction A X ; r R, les rayons de raccordement ;

l un alignement droit ménagé entre les deux courbes. On a

$$(R-r)^2 + l^2 = (R-r\cos\alpha - b)^2 + (a-r\sin\alpha)^2.$$

(B) $\quad Rr = R \cdot \dfrac{b}{1-\cos\alpha} - r \cdot \dfrac{a\sin\alpha - b\cos\alpha}{1-\cos\alpha} + \dfrac{c^2-l^2}{2(1-\cos\alpha)} = 0$

ou

$$Rr - RA - rB + C = 0$$
$$(R-B)(r-A) = AB - C.$$

L'un des rayons étant déterminé, l'autre se déduira immédiatement de cette formule; les angles des arcs de raccordement seront donnés par les relations suivantes:

$$\varphi + \Psi = \alpha, \quad \Psi = \gamma - \omega,$$
$$\tan\omega = \frac{l}{R-r}, \quad \tan\gamma = \frac{a-r\sin\alpha}{R-b-r\cos\alpha}.$$

Le problème que nous venons d'examiner se présente quelquefois aux entrées et sorties des gares à voie unique, où l'introduction d'un alignement droit devient quelquefois nécessaire pour établir les branchements des voies principales ou d'évitement.

Il peut se faire aussi que les rayons R et r soient donnés; pour avoir l, on opérera directement.

$$os = R - r\cos\alpha - b$$
$$o's = a - r\sin\alpha$$
$$oo' = \sqrt{\overline{os}^2 + \overline{o's}^2}$$
$$l = \sqrt{\overline{oo'}^2 - (R-r)^2}.$$

On calculera les angles comme précédemment.

Si, au contraire, l'une des quantités a ou b était l'inconnue de la question, les triangles oo'S oo'P seraient toujours déterminés par l'hypoténuse et un côté de l'angle droit.

On en déduirait, sans difficultés, a ou b ainsi que les angles ω et γ.

Les courbes étant dans le même sens, l'introduction d'un alignement droit n'est nécessaire qu'autant qu'on y est forcé pour l'introduction d'appareil ou toute autre cause, comme, par exemple, un point de passage obligé avec une direction donnée sur une plus ou moins grande étendue, auquel cas, la question se ramène au raccordement de deux alignements successifs déterminés de position et de direction.

Le cas qui se présenterait le plus souvent est donc celui ou l'on ferait $l = 0$.

C'est-à-dire le raccordement par deux arcs de cercle tangents intérieurement.

Comme nous l'avons vu par le problème précédent, la solution est indéterminée.

Soit le raccordement A B pour les deux rayons R et r (*fig.* 4).

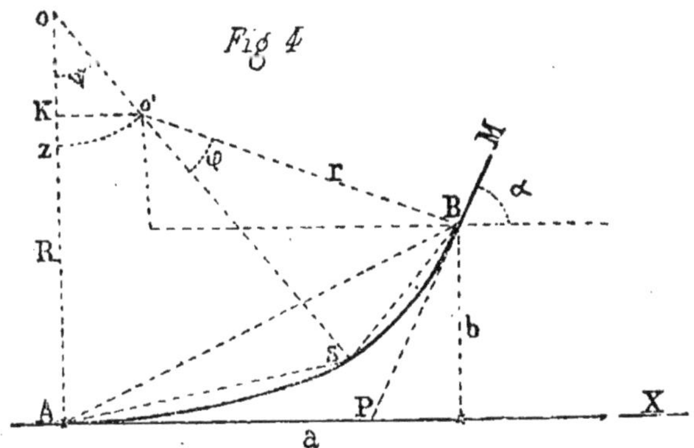

Faisons remarquer de suite que si l'on se donne r, on

a immédiatement

$$(R - r) \sin v \, \Psi = K \, z = b + r \cos \alpha - r),$$

d'où

$$\sin v \, \Psi = \frac{b - r(1 - \cos \alpha)}{R - r},$$

on a aussi

$$\sin \Psi = \frac{a - r \sin \alpha}{R - r}.$$

Divisant terme à terme, il vient

$$(a) \qquad \tang \frac{1}{2} \Psi = \frac{b - r(1 - \cos \alpha)}{a - r \sin \alpha}.$$

On a ensuite

$$(b) \qquad R - r = \frac{a - r \sin \alpha}{\sin \Psi}$$

qui fera connaître R.

Donc, lorsque le rayon r sera donné, les deux relations (a) et (b) donneront la solution de la question.

Dans tous les cas, comme dans le problème précédent, la relation générale des rayons est, en faisant $l = 0$,

$$(B) \quad R\,r - R \frac{b}{(1 - \cos \alpha)} - r \cdot \frac{a \sin \alpha - b \cos \alpha}{(1 - \cos \alpha)} + \frac{c^2}{2(1 - \cos \alpha)} = 0,$$

ou

$$R\,r - RA - r\,B + C = 0,$$
$$(R - B)(r - A) = AB - C.$$

La relation (B) fait voir que dans le cas de $r = 0$

$$R = \frac{c^2}{2\,b} = \frac{a^2 + b^2}{2\,b},$$

on obtient la valeur du rayon de l'arc dont a et b sont la corde et la flèche.

Si l'on fait $R = \infty$,

$$r = \frac{b}{1 - \cos \alpha},$$

qui exprime le rayon de l'arc tangent à la droite $A\,x$ et à la droite $B\,M$ au point B.

On voit donc que le rayon r, variant de 0 à $\dfrac{b}{1-\cos\alpha}$, le rayon R varie de $\dfrac{a^2 + b^2}{2\,b}$ à ∞.

Les courbes étant dans le même sens, il est évident que les solutions les plus avantageuses, au point de vue de l'élégance du tracé et de la facilité du mouvement des véhicules, seraient celles où la différence des rayons ou des courbures serait minimum.

Ce qui conduit aux deux conditions distinctes

$$R - r \text{ minimum,}$$
$$\frac{1}{r} - \frac{1}{R} \text{ minimum.}$$

Considérons le premier cas et posons

$$R - r = d$$

ou

$$r = R - d.$$

Remplaçant dans l'équation générale, il vient

$$R\,(R - d) - RA - (R - d)\,B + C = 0,$$

d'où

$$R = \frac{d + A + B}{2} \pm \sqrt{\left(\frac{d + A + B}{2}\right)^2 - (Bd + C)}.$$

Par la nature même de la question, R ne peut devenir imaginaire; la valeur minimum de d sera donc celle qui sera suffisante pour que le radical ne soit point négatif.

Par suite, faisant le radical égal à 0, il vient :

$$2R = d + A + B.$$

ou

$$R + r = A + B.$$

Cette nouvelle relation, déduite de l'hypothèse R—r minimum, étant combinée avec l'équation générale, donne

$$r = A \pm \sqrt{C - AB};$$

on a de même

$$R = B \mp \sqrt{C - AB}.$$

En substituant aux constantes ABC leurs valeurs, on arrive, après diverses transformations qui réduisent le radical, aux valeurs suivantes :

$$r = \frac{b}{1 - \cos \alpha} \pm \frac{1}{2 \sin \frac{1}{2} \alpha} \left(a - \frac{b}{\tang \frac{1}{2} \alpha} \right)$$

$$R = \frac{a \sin \alpha - b \cos \alpha}{1 - \cos \alpha} \mp \frac{1}{2 \sin \frac{1}{2} \alpha} \left(a - \frac{b}{\tang \frac{1}{2} \alpha} \right).$$

Si $a > \dfrac{b}{\tang \frac{1}{2} \alpha}$, on prendra le signe inférieur, ce que l'on reconnaîtra toujours sur la figure si l'on a BP $<$ AP.

Si l'on a soin de prendre pour axe des abscisses la plus grande tangente, on n'a pas à s'inquiéter du double signe.

On a ensuite

$$R - r = \left(a - \frac{b}{\tang \frac{1}{2} \alpha}\right)\left(\frac{1}{\tang \frac{1}{2} \alpha} + \frac{1}{\sin \frac{1}{2} \alpha}\right)$$

ou

$$R - r = \left(a - \frac{b}{\tang \frac{1}{2} \alpha}\right)\frac{1 + \cos \frac{1}{2} \alpha}{\sin \frac{1}{2} \alpha}.$$

Substituant ces valeurs dans l'expression de

$$\sin \Psi = \frac{a - r \sin \alpha}{R - r},$$

il vient

$$\sin \Psi = \frac{a - \dfrac{b \sin \alpha}{1 - \cos \alpha} + \dfrac{\sin \alpha}{2 \sin \frac{1}{2} \alpha}\left(a - \dfrac{b}{\tang \frac{1}{2} \alpha}\right)}{\left(a - \dfrac{b}{\tang \frac{1}{2} \alpha}\right)\dfrac{1 + \cos \frac{1}{2} \alpha}{\sin \frac{1}{2} \alpha}}$$

$$= \frac{\sin \alpha}{2(1 + \cos \frac{1}{2} \alpha)} = \sin \frac{1}{2} \alpha.$$

Ce résultat curieux nous montre que la ligne des centres est perpendiculaire à la bissectrice de l'angle α.

Cette propriété conduit à une solution géométrique très-simple : le point de tangence commun S se trouve à l'intersection de deux droites faisant avec les directions Ax et BM des angles égaux à $\dfrac{1}{4} \alpha$.

Les coordonnées du point S sont

$$y = 2R \sin^2 \tfrac{1}{4} \alpha$$
$$x = R \sin^2 \tfrac{1}{2} \alpha.$$

Considérons maintenant le cas où

$$\frac{1}{r} - \frac{1}{R} = \text{minimum}.$$

Ce qui revient à

$$\frac{R}{r} - 1 = \text{minimum}$$

ou

$$\frac{R}{r} = \text{minimum.}$$

Faisons $\frac{R}{r} = m$, et introduisons cette valeur dans l'équation, il vient

$$R - \frac{R}{r} A - B = -\frac{C}{r}$$

$$rm - mA - B + \frac{C}{r} = 0$$

$$r^2 - r\left(A + \frac{B}{m}\right) + \frac{C}{m} = 0;$$

de même, on trouverait

$$R^2 - R(mA + B) + mC = 0$$

$$R = \frac{mA + B}{2} \pm \sqrt{\left(\frac{mA + B}{2}\right)^2 - mC.}$$

Annulant le radical pour avoir le minimum, il vient

$$R = \frac{mA + B}{2},$$

ou

$$2Rr = AR + Br.$$

Introduisant cette condition dans l'équation générale, il vient, par soustraction,

$$Rr = C,$$

par suite

$$C - RA - \frac{CB}{R} + C = 0$$

$$R^2 - 2R \cdot \frac{C}{A} + \frac{CB}{A} = 0$$

$$R = \frac{C}{A} \pm \frac{1}{A} \sqrt{C(C - AB).}$$

Substituant à A, B, C leurs valeurs, il vient

$$\mathrm{R} = \frac{c}{2b}\left(c + a - \frac{b}{\tang \frac{1}{2} a} \right),$$

de même

$$r = \frac{c}{2\,(a \sin \alpha - b \cos \alpha)}\left[c - \left(a - \frac{b}{\tang \frac{1}{2} \alpha} \right) \right].$$

Mais le rayon R étant calculé, on en déduira

$$r = \frac{c^2}{4 \sin^2 \frac{1}{2} \alpha \, \mathrm{R}}.$$

Substituant ensuite les valeurs de r et R dans l'expression de sin Ψ, après réduction, on trouve

$$\sin \Psi = \frac{b}{c}.$$

Cette expression fait voir que les angles au centre sont égaux respectivement aux angles que forme la corde avec la direction des tangentes.

La construction géométrique propre à ce cas est très simple ; il suffit de mener (*fig.* 4) les bissectrices A S et B S du triangle ABP ; leur intersection S est le point de tangence commun ; la tangente commune est, du reste, parallèle à la corde A B.

Le point de tangence commun est le centre du cercle inscrit au triangle ABP.

Ce tracé, plus gracieux que le précédent, donne la solution de l'arc rampant et de l'avant-bec des piles biaises ; il suffit (*fig.* 5) de faire $\alpha = 180°$; on trouve

Fig. 5

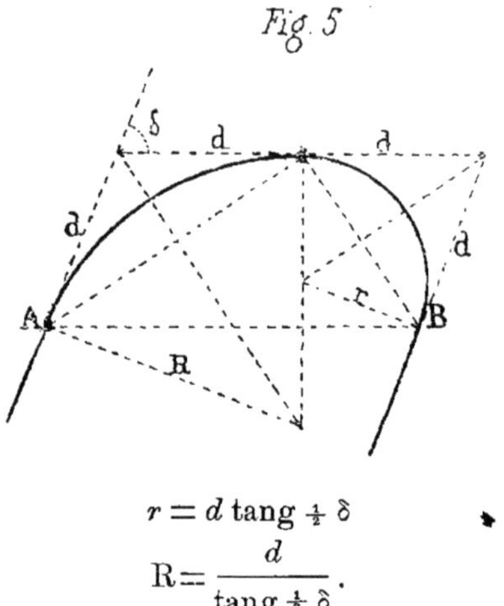

$$r = d \tang \tfrac{1}{2} \delta$$

$$R = \frac{d}{\tang \tfrac{1}{2} \delta}.$$

Ce tracé donne aussi une solution élégante de l'anse

Fig 6

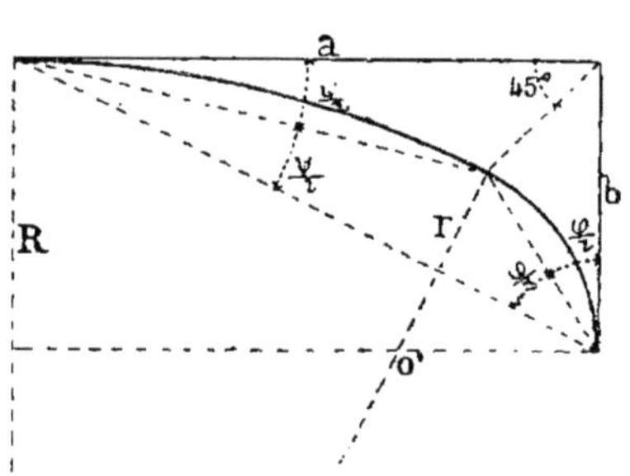

de panier à trois centres (*fig.* 6) ; en faisant $\alpha = 90°$, on trouve

$$r = \frac{c}{2a}(c - a + b)$$

$$R = \frac{c}{2b}(c + a - b).$$

CHAPITRE VII

GÉNÉRALITÉS

Nous avons étudié séparément les diverses parties qui composent un tracé général de voies dans une gare. Ce tracé général est réglé suivant les besoins de l'exploitation commerciale. Chaque gare, suivant la nature du trafic, sa position topographique par rapport aux réseaux qui y aboutissent, la situation des chemins d'accès, la réglementation de la marche des trains, etc., exige des dispositions de voies spéciales qui sont arrêtées en haut lieu par les services intéressés. Dès lors le travail du calculateur se borne à tirer le meilleur parti de l'emplacement dont il peut disposer; à placer les appareils de façon à rendre les manœuvres promptes et faciles; à mouvementer le moins possible les raccordements pour ne pas faire fatiguer le matériel roulant, tout en cherchant néanmoins à n'employer que la longueur de voie strictement nécessaire pour arriver par le plus court chemin aux entr'axes qu'exige le garage utile.

Par les conditions diverses qui viennent d'être énumérées et auxquelles doit satisfaire un tracé excellemment pratique, on conçoit que le calculateur ne peut résoudre, rapidement surtout, les questions qui lui sont posées, qu'à l'aide d'une longue expérience convenablement dirigée par une étude en quelque sorte spéciale de ces sortes de problèmes, simples à la vérité, mais souvent complexes.

Pour nous, qui nous sommes proposé d'étudier la question à son point de vue purement géométrique, nous ne prétendons pas, par ce motif, traiter tous les cas qui peuvent se présenter. Autant vaudrait chercher à résoudre tous les problèmes que présente la géométrie.

Nous pouvons dire cependant qu'en général il y a bien peu de cas qui ne se ramènent pas à ceux que nous avons examinés, ou qui n'aient avec eux une certaine analogie. Nous allons toutefois, pour terminer cette étude, développer rapidement quelques questions particulières qui nous paraissent de nature à diriger ou à développer, chez celui qui n'en a pas une grande habitude, l'intelligence de ces problèmes.

1° Supposons, par exemple, qu'on veuille raccorder à une voie existante ATB (*fig.* 1) une voie oblique CD sur laquelle il existe un croisement C qui ne peut être déplacé. Étant donnés : la position du point C par ses coordonnées n et m, l'inclinaison de C D sur la direction T B, et le rayon R de la partie de voie A T.

Désignons par r le rayon de l'arc de cercle qui coupe la voie existante suivant l'angle de croisement α.

Exprimons en fonction des données et des inconnues la distance des centres oo', il vient :

$$R^2 + r^2 - 2\,R\,r \cos \alpha = (r \sin \beta - n)^2 + (R - r \cos \beta - m)^2.$$

Développant et réduisant, on déduit :

$$r = \frac{n^2 + m^2 - 2m\,R}{2\left[R\left(\cos \beta - \cos \alpha\right) + n \sin \beta - m \cos \beta\right]}.$$

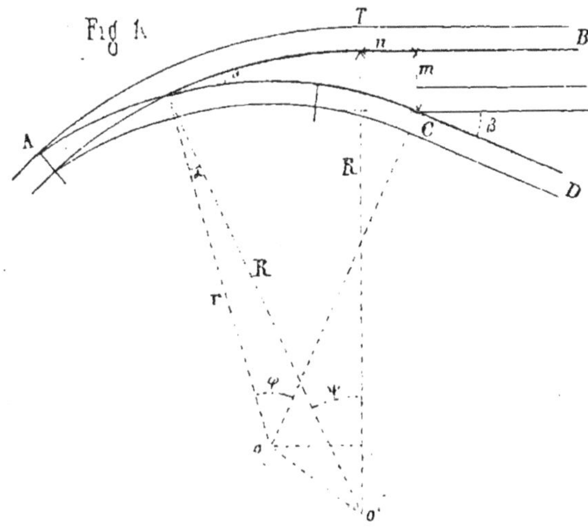

On calculera ensuite les triangles $oo'k$ et $\alpha oo'$, on en déduira les angles φ et ψ ; on doit avoir :

$$\varphi + \alpha = \Psi + \beta.$$

2° Supposons qu'un croisement soit déterminé de position sur une voie AB et qu'il s'agisse d'y brancher une voie de garage qui passe à une distance minimum r d'un obstacle o (*fig.* 2), et que l'étude graphique ait conduit à employer un alignement droit l combiné avec un arc de cercle de rayon R. Proposons-nous de calculer les éléments du tracé.

Soient donnés : les coordonnées a et b du point o par rapport au croisement A, et α l'angle de croisement.

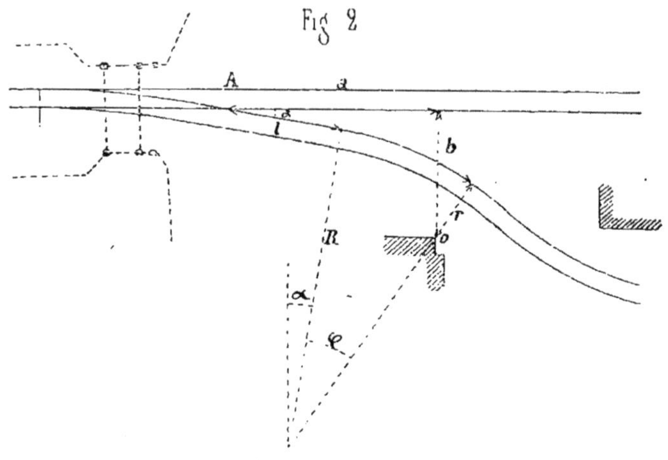

On a :

$$b = l \sin \alpha + R \cos \alpha - (R - r) \cos (\varphi + \alpha),$$
$$a = l \cos \alpha - R \sin \alpha + (R - r) \sin (\varphi + \alpha).$$

Multipliant la première par $\cos \alpha$, la seconde par $\sin \alpha$, il vient en retranchant et divisant par $R - r$:

$$\cos (\varphi + \alpha) \cos \alpha + \sin (\varphi + \alpha) \sin \alpha = \frac{R + a \sin \alpha - b \cos \alpha}{R - r}.$$

ou :

$$\cos \varphi = \frac{R + a \sin \alpha - b \cos \alpha}{R - r}.$$

Connaissant φ, la valeur de l se déduira de l'une quelconque des équations primitives ci-dessus ou bien par la formule directe :

$$l = a \sec \alpha + (b - a \operatorname{tang} \alpha) \sin \alpha - (R - r) \sin \varphi.$$

3° Soit à brancher deux voies V et V′ d'entr'axe déterminé E, en employant pour réaliser le raccordement
un espace minimum. A cet effet, on prendra le plus
petit rayon possible r, et l'on aura (*fig.* 3) :

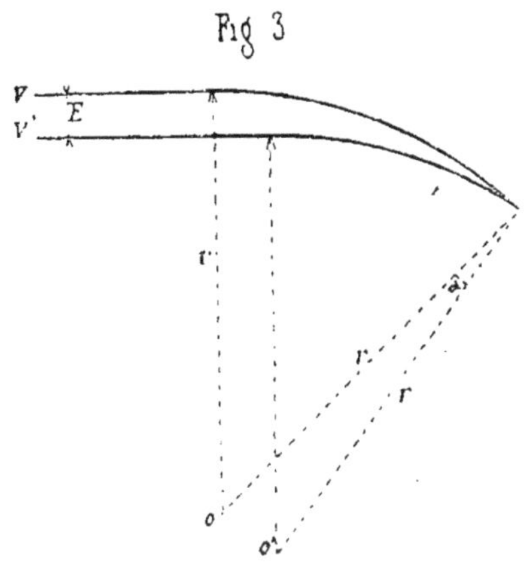

$$r \sin v\,\varphi - r \sin v\,(\varphi - \alpha) = \mathrm{E}.$$

ou :

$$2 \sin \tfrac{1}{2}\,(2\,\varphi - \alpha) \sin \tfrac{1}{2}\,\alpha = \frac{\mathrm{E}}{r},$$

d'où :

$$\sin \tfrac{1}{2}\,(2\,\varphi - \alpha) = \frac{\mathrm{E}}{2r \sin \tfrac{1}{2}\,\alpha}.$$

L'angle α du croisement étant connu, on en déduira
l'angle φ.

4° Enfin, supposons que l'on ait plusieurs voies parallèles équidistantes à brancher sur une voie transversale
par une série de branchements simples. Cherchons
quelle doit être l'inclinaison de la voie transversale pour
qu'il y ait le moins de voie perdue. Désignons par l la

distance minimum qui peut exister entre deux aiguilles consécutives. Si l'on fait glisser le premier branchement pour lui faire prendre la position du second, lorsque le point M sera en N la voie A sera en B, et tout le système s'abaissera d'une quantité *(fig. 4)* :

$$E = l \sin \varphi,$$

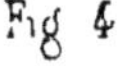

Fig 4

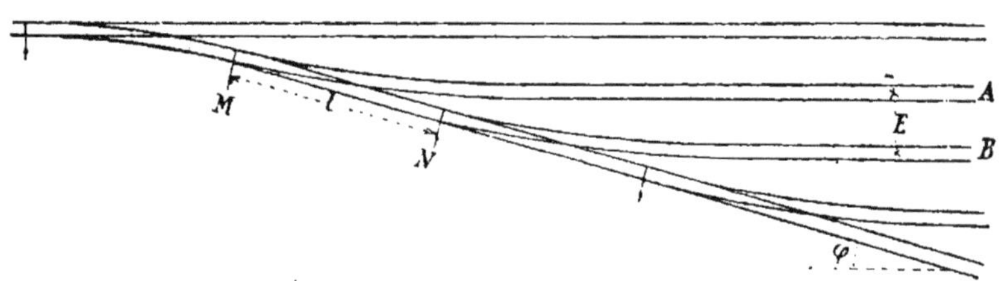

d'où

$$\sin \varphi = \frac{E}{l}.$$

La position du premier croisement étant fixée, on calculera le rayon de raccordement par la méthode connue, ou bien on se donnera le rayon r. L'angle au centre devient alors

$$\Psi = \varphi - \beta.$$

On en déduit la position du croisement.

Cette disposition était fréquemment employée autrefois dans les gares. Aujourd'hui, l'emploi d'ailleurs généralisé de l'embranchement à trois voies a permis d'adopter la disposition indiquée par la figure 5.

Dans ce cas, il est avantageux de donner à la transversale un rayon général égal au rayon théorique correspondant au branchement latéral droit.

Les positions des croisements étant déterminées

Fig 5

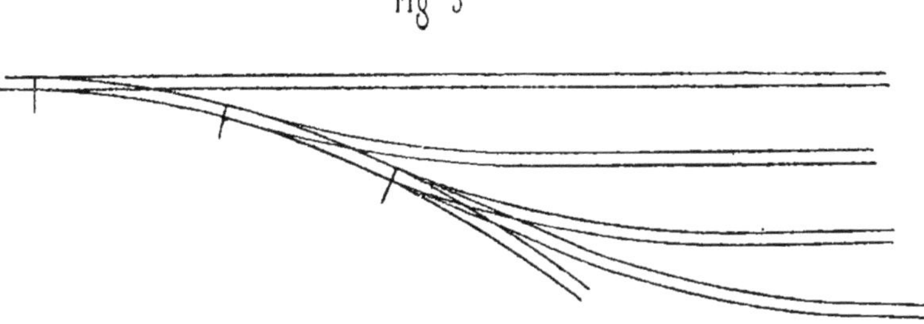

sur la courbe générale, on en déduit des ordonnées correspondantes par rapport à un axe parallèle à la direction générale des voies, ainsi que l'inclinaison des branches de cœurs, et l'on a ainsi tous les éléments pour calculer les raccordements.

CHAPITRE VIII

DES MÉTHODES APPROXIMATIVES

Les méthodes approximatives sont en général basées sur ce fait, que les angles de croisement employés étant très petits, on peut substituer au sinus ou à la tangente cet angle lui-même, et, dans certains cas, faire le cosinus égal à l'unité (1).

On a été amené par ce raisonnement à considérer l'arc de cercle comme un arc parabolique ; les calculs des raccordements de directions parallèles s'expliquent géométriquement par des considérations fort simples.

Soit le raccordement AB. Si nous supposons que l'arc AB est parabolique, la tangente au point B va rencon-

---

(1) On peut, comme arc de cercle, faire le calcul suivant :

$$\text{corde } AB = \frac{E}{\sin \frac{1}{2} \alpha}$$

faisant corde $=$ arc, et $\quad \sin \frac{1}{2} \alpha = \frac{\alpha}{2}$,

$$\text{arc } AB = \frac{2\,E}{\alpha}, \qquad \text{d'où : } \quad r = \frac{2\,E}{\alpha^2}.$$

trer l'axe en C′ à une distance AC′ = E (propriété de la parabole).

On a donc (*fig.* 6) :

$$d = \frac{2E}{\text{tang.}\,\alpha}.$$

Si l'on fait maintenant : tang $\alpha = \alpha$ arc AB $= d$,

$$\text{arc AB} = \alpha r = \frac{2E}{\alpha},$$

$$r = \frac{2E}{\alpha^2}.$$

L'arc de parabole ainsi substitué à l'arc de cercle a pour paramètre $2r$, ce qui est facile à voir.

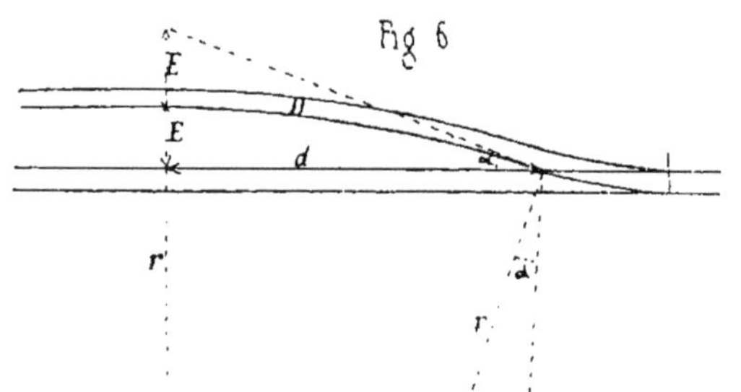

En effet, l'équation du cercle est :

$$x^2 = (2r - y)\,y,$$

qui peut s'écrire :

$$y = \frac{x^2}{2r} + \frac{y^2}{2r}.$$

Si l'arc est très petit par rapport au rayon, on peut prendre :

$$y = \frac{x^2}{2r},$$

équation d'une parabole dont le paramètre est $2r$.

On en déduit comme ci-dessus :

$$E = \frac{d^2}{2r} = \frac{\alpha^2 r^2}{2r},$$

$$r = \frac{2E}{\alpha^2} \; ;$$

la formule exacte est :

$$r = \frac{E}{1 - \cos\alpha} = \frac{E}{\sin v\,\alpha}.$$

La formule approximative n'est pas aussi simple à la vérité, mais elle offre cet avantage de dispenser de l'emploi des lignes trigonométriques, chose précieuse pour l'opérateur sur le terrain. L'angle de croisement étant toujours connu, on en déduira sans le secours des tables le développement :

$$D = \frac{2E}{\alpha}$$

et le rayon :

$$r = \frac{D}{\alpha},$$

et si la voie sur laquelle est établi le branchement est en courbe de rayon R, on conservera au raccordement le même développement D, et pour le rayon r' on aura la relation connue :

$$\frac{1}{r'} = \frac{1}{r} \pm \frac{1}{R} = \mu,$$

d'où :

$$r' = \frac{1}{\mu}.$$

Nous pourrions appliquer les mêmes raisonnements à d'autres cas plus compliqués; mais nous préférons suivre une autre méthode qui conserve, avec la solution trigonométrique, une relation plus directe.

C'est ce que nous allons faire au moyen des considérations suivantes :

Nous avons trouvé, dans le cas qui vient de nous occuper, la formule trigonométrique :

$$r = \frac{E}{\sin v\,\alpha}.$$

Cherchons la valeur de $\sin v\alpha$ en fonction de cet angle. Pour cela, il suffit de développer par la série de Maclaurin la valeur de $\cos \alpha$. — Il vient :

$$\sin v\,\alpha = 1 - \cos \alpha = \frac{\alpha^2}{1.2} - \frac{\alpha^2}{1.2.3.4} + \frac{\alpha^6}{1.2.3.4.5.6}, \text{ etc.}$$

α n'étant qu'une fraction assez petite de l'unité, les termes de la série décroissent rapidement. — On voit de suite l'identité des deux méthodes; car, négligeant toute la suite des termes après le premier, et prenant :

$$\sin v\,\alpha = \frac{\alpha^2}{2},$$

il vient :

$$r = \frac{2E}{\alpha^2}.$$

Voyons maintenant l'erreur que l'on peut commettre en négligeant les derniers termes de la série. La série peut s'écrire :

$$\sin v\,\alpha = \frac{\alpha^2}{1.2} - \frac{\alpha^4}{1.2.3.4} + \left(\frac{\alpha^6}{1.2.3.4.5.6} - \frac{\alpha^8}{1.2.3.4.5.6.7.8}\right) + \text{etc.}$$

L'erreur α commise sera plus petite que le second terme.
— Donc :

$$\varepsilon < \frac{\alpha^4}{1.2.3.4} < \frac{\alpha^4}{24},$$

soit :

$$\alpha = \frac{1}{3} \qquad \varepsilon < \frac{1}{1\,944}$$

$$\alpha = \frac{1}{5} \qquad \varepsilon < \frac{1}{15\,000}$$

$$\alpha = \frac{1}{10} \qquad \varepsilon < \frac{1}{240\,000}.$$

Or, l'arc de $\frac{1}{5}$ ou de $0^m,20$ est à peu près la limite supérieure des angles employés dans les croisements. — On pourra donc toujours substituer au sinus verse la moitié du carré de l'arc.

Appliquons ce principe à quelques exemples. — Soit (*fig.* 7) un raccordement en courbe et contre-courbe.

Nous avons trouvé :

$$\sin v\varphi = \frac{\sin \beta + \dfrac{E}{r}}{2},$$

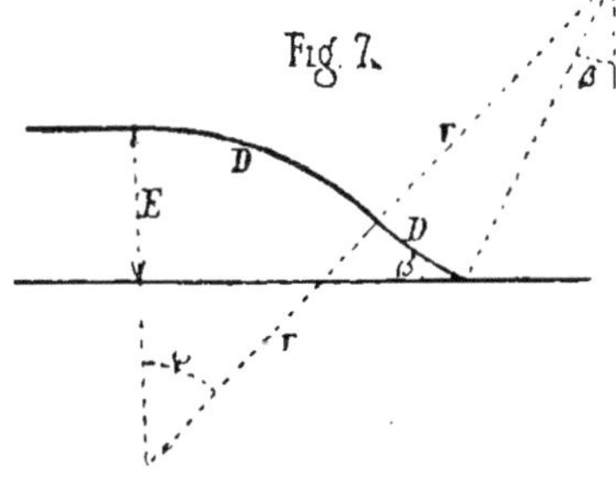

il vient :

$$\frac{\varphi^2}{2} = \frac{\dfrac{\beta^2}{2} + \dfrac{E}{r}}{2}$$

$$\varphi = \sqrt{\frac{\beta^2}{2} + \frac{E}{r}}\,.$$

Dans l'hypothèse où la voie portant le branchement serait en courbe, si l'on conserve les mêmes développements, on fera subir aux rayons la transformation connue. Cette transformation aura pour effet de rendre les rayons inégaux, mais il est facile de faire en sorte que ces rayons soient également égaux après la transformation. Il suffira, en effet, de calculer le raccordement dans l'hypothèse de voie droite avec des rayons r', r'' déterminés par :

$$\frac{1}{r'} = \frac{1}{r} \pm \frac{1}{R},$$

$$\frac{1}{r''} = \frac{1}{r} \mp \frac{1}{R},$$

suivant le sens des courbes.

Les considérations que nous venons de développer s'appliquent évidemment à un cas quelconque, dans lequel il entre le sinus verse ou le cosinus. Nous croyons inutile d'insister.

Nous avons vu que, chaque fois que l'arc est une fraction assez petite du rayon, on peut, avec une erreur négligeable dont on peut se rendre compte, prendre pour ordonnée par rapport à la tangente :

$$y = \frac{x^2}{2R},$$

x étant le développement de l'arc, cette formule trouve souvent son application.

Soit à infléchir une voie AB de façon à lui donner une direction parallèle en reportant l'axe d'une quantité E, en conservant un alignement droit d (*fig.* 8). Si l'entr'axe

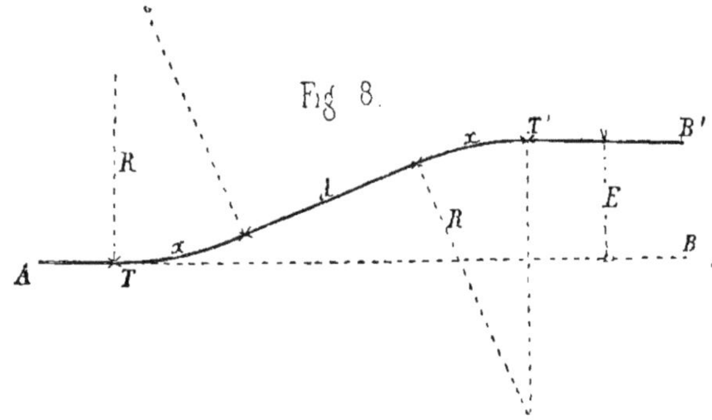

E est très petit par rapport à TT', en appelant R le rayon de raccordement, on aura :

$$E = \frac{2x^2}{2R} + \frac{dx}{R},$$

d'où :

$$x = -\frac{d}{2} \pm \sqrt{\frac{d^2}{4} + RE}.$$

Soit encore : Étant données deux voies branchées, on demande à quelle distance du croisement il existe une largeur suffisante pour assurer un garage franc.

Désignons par X cette distance, par E l'écartement suffisant des deux fils de rails intérieurs, R et R' les rayons des voies.

On a :

(Fig. 9) $\qquad \dfrac{x^2}{2}\left(\dfrac{1}{R'}+\dfrac{1}{R}\right)+x\,x=E,$

(Fig. 10) $\qquad \dfrac{x^2}{2}\left(\dfrac{1}{R'}-\dfrac{1}{R}\right)+x\,x=E,$

(Fig. 11) $\qquad -\dfrac{x^2}{2}\left(\dfrac{1}{R'}+\dfrac{1}{R}\right)+x\,x=E,$

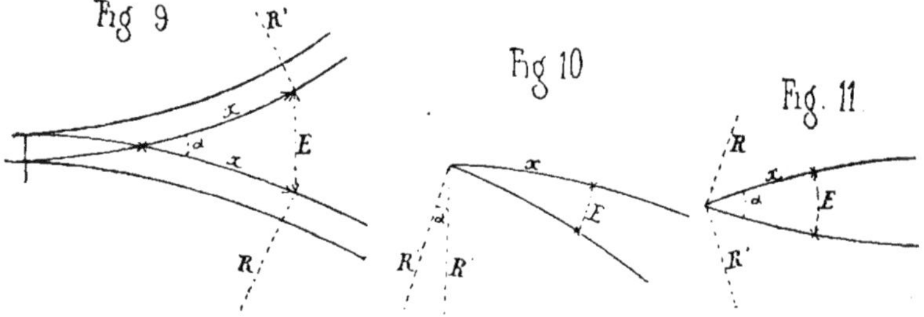

équations qui, suivant les cas, donneront immédiatement la valeur de X.

La formule $y=\dfrac{x^2}{2R}$, susceptible d'un grand nombre d'applications tant pour le tracé des courbes à grands rayons que pour la simplification de certaines formules, s'explique très simplement en ce sens qu'elle revient à substituer la corde à l'arc lui-même ou à l'abscisse.

DU TRACÉ DES ÉPURES

Nous avons dit que l'épure graphique devait toujours précéder les calculs; c'est en effet le meilleur moyen d'éviter les erreurs et la recherche de solutions impossibles qui se révèlent souvent après des calculs laborieux.

Lorsqu'on a acquis une certaine habitude, on établit généralement l'épure sans hésitation, en donnant au faisceau de voie la forme la plus roulante en même temps que la plus économique, tout en satisfaisant aux conditions nécessaires d'écartements, alignements et courbures.

L'emploi combiné des règles courbes, découpées suivant une série de rayons avec des tableaux calculés à l'avance, facilite beaucoup ce genre d'opération et permet d'apporter dans le tracé des arcs une grande exactitude.

Les centres, tombant généralement hors du cadre de l'épure, ne peuvent servir comme auxiliaires dans les tracés; de là des difficultés que des considérations géométriques très élémentaires permettront de lever facilement.

Quelques exemples simples suffiront pour éclaicir cette question.

Étant donnés deux arcs de cercle tangents; trouver aussi exactement que possible la position du point de tangence et la direction de la tangente commune.

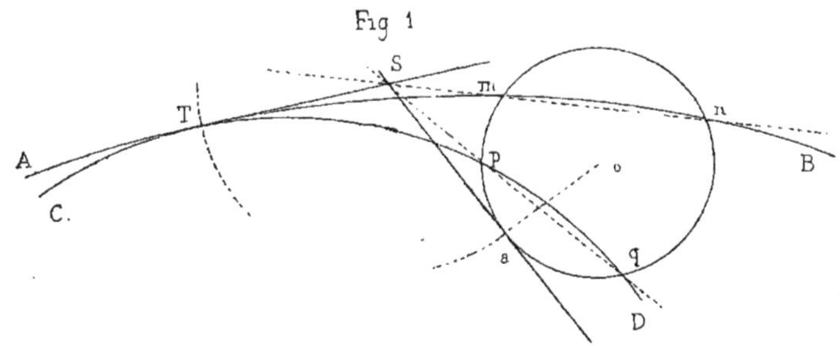

Soient les deux arcs AB et CD, tracés avec deux règles

courbes tangentiellement entre eux ; l'épaisseur des traits
ne permettant pas de voir *à priori* exactement le point
de tangence, il est évident que si les centres se trouvaient
sur l'épure, le point T se trouverait sur la ligne des
centres et serait déterminé.

Décrivons, soit avec le compas, soit avec une courbe
de petit rayon, une circonférence O. Les sécantes *mn* et
pq se coupent au point S, et, d'après la propriété des sécantes, on doit avoir ST = S*a*. Le point de tangence et
la direction de la tangente sont donc déterminés.

Par un point donné A, *mener un arc tangent à la
droite* AB *et à un autre arc* CD.

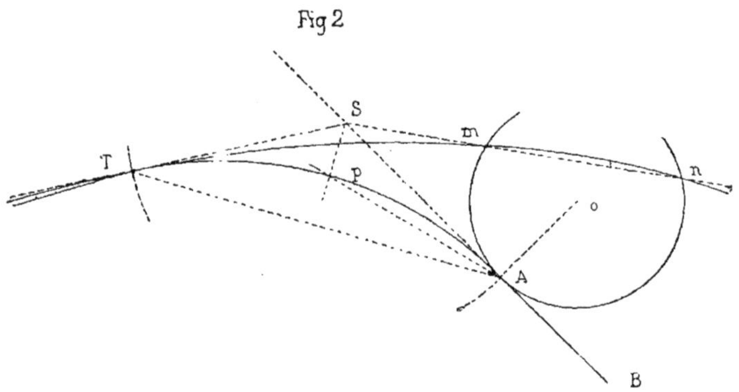

On trace un cercle OA tangent en A ; la corde *mn*
rencontre AB prolongée en S, et il suffit de prendre
ST = SA pour avoir le point T.

Le point de rencontre des bissectrices du triangle AST
est un point de l'arc de cercle. On cherche la courbe
de la série passant le plus exactement par les trois points
T*p*A.

Par un point A d'un arc de cercle, mener une droite faisant un angle donné α avec cet arc (fig. 3).

Fig 3.

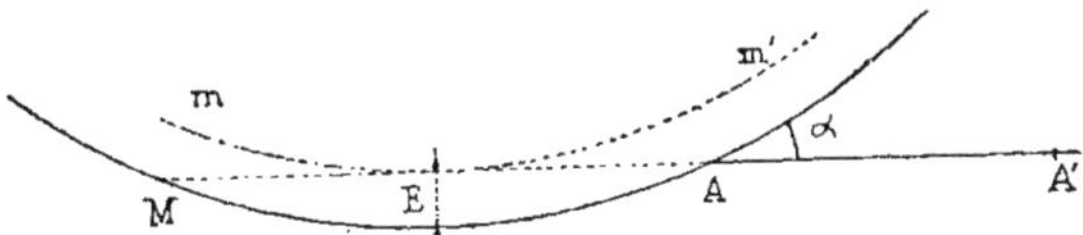

On prendra un arc $AM = 2\alpha R$; la ligne MA sera la droite demandée.

Si le point était donné en A' hors du cercle, on calculerait la distance

$$E = R.\frac{\alpha^2}{2};$$

on tracerait l'arc concentrique *mm'*, et par le point A' on mènerait la ligne A'M tangente à *mn'*.

Étant donné un arc AB, le couper avec un autre de rayon donné suivant un angle α.

Fig 4.

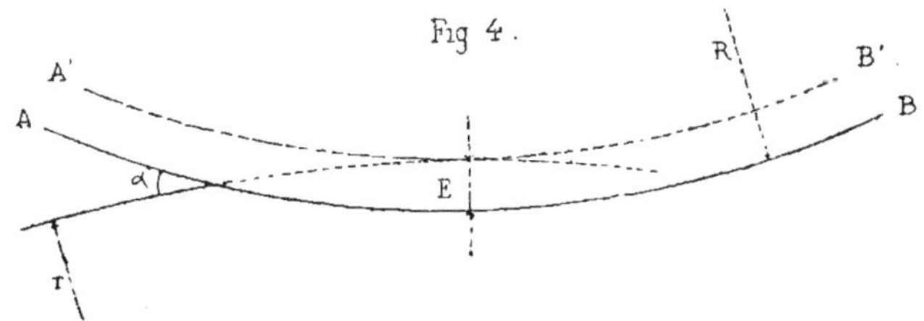

On calculera l'écartement E sur la normale commune par les formules :

(A) $\qquad E = \dfrac{Rr.\alpha^2}{2(R+r)}$ courbes en sens contraire,

'B) $\qquad E = \dfrac{Rr.\alpha^2}{2(R-r)}$ courbes dans le même sens.

On mènera ensuite l'arc concentrique A'B', et toutes les courbes de rayon r qu'on appliquera tangentiellement à A'B, couperont l'arc AB suivant l'angle α.

Les formules A et B sont des transformations approximatives de la formule B (page 37). Dans le cas de courbe dans le même sens, si la différence des rayons est faible à la valeur de E trouvée, on retranchera

$$\frac{E^2}{2\,(R-r)}.$$

La valeur exacte de E, tirée de la formule B (page 37), serait donnée par une équation du second degré.

Ce problème se présente très souvent dans les tracés graphiques, et il serait facile d'avoir des tableaux calculés des valeurs de E pour une série de rayons et pour les angles usuels.

Il est bon de remarquer cependant que le calcul s'effectue rapidement, surtout pour des rayons exprimés en nombre rond de centaine, et n'exige, dans tous les cas, que deux coups de règle à calcul au plus.

DES OPÉRATIONS SUR LE TERRAIN

Lorsqu'on a établi l'épure calculée, l'application sur le terrain devient très simple, si l'on a eu soin de déterminer par le calcul les coordonnées des points principaux, points de tangence et pointes de croisements, par rapport à un axe d'opération qu'on devra choisir, autant que possible, rectiligne. Une fois ces points déterminés, il ne reste plus qu'à tracer les portions d'arcs de cercle qui les relient par les méthodes connues, soit par ordonnées sur la tangente ou sur la corde.

S'il s'agit de modifier un tracé existant, il faut relever exactement les voies, en prenant une base d'opération sur laquelle on lève une suite de profils transversaux perpendiculaires, aussi rapprochés que possible les uns des autres et sur lesquels on cote les écartements des voies. On détermine avec soin les points obligés du tracé, les obstacles qui peuvent se présenter à la modification projetée et surtout la direction et la position bien exacte des voies ou parties de voies conservées dans le nouveau tracé.

Généralement, la base d'opération est une voie principale dont le tracé n'est pas modifié, ou bien l'axe du tracé général de la ligne. Si cette base d'opération a des parties courbes, il est bon d'en vérifier les éléments. Les voies en exploitation subissent souvent des déplacements, par suite des travaux d'entretien et sous l'action du mouvement des machines. Il n'est pas difficile souvent de retrouver des points dont la position a été conservée, comme par exemple aux abords des voies transversales, des bâtiments, ouvrages d'art et appareils divers.

On vérifiera le rayon des courbes en prenant des ordonnées sur la tangente prolongée, ou en mesurant des flèches f, f', f'' (*fig.* 5) pour une même corde sur une certaine étendue.

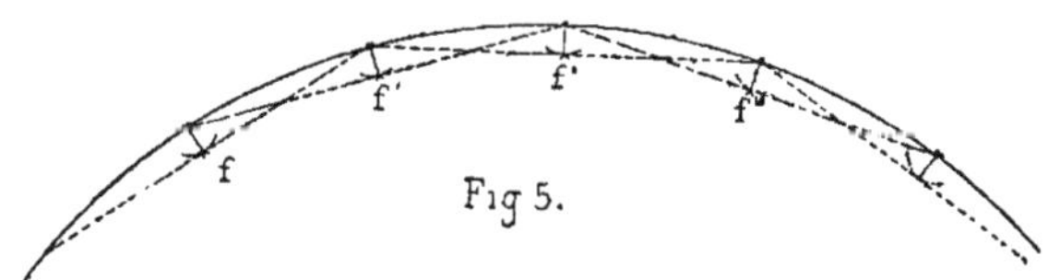

Fig 5.

Si ces flèches s'écartent peu d'une moyenne f_1, le rayon sera donné par

$$R = \frac{c^2 + f_1^2}{2 f_1},$$

ou simplement

$$R = \frac{c^2}{2 f_1},$$

c étant la demi-corde.

Si l'on connait deux points A et B bien déterminés de position d'une courbe tangente à l'alignement TM

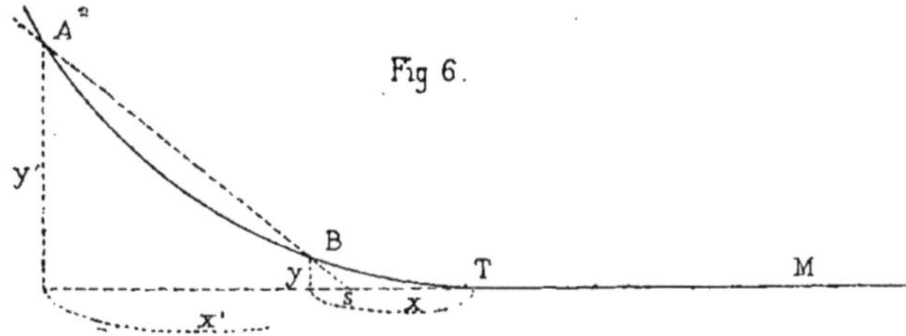

(*fig.* 6), la position exacte du point de tangence T sera donnée par

$$ST = \sqrt{SA \times SB},$$

et le rayon

$$R = \frac{x^2 + y^2}{2 y} = \frac{x'^2 + y'^2}{2 y'}.$$

Nous arrêterons là ces considérations générales, sur lesquelles il est inutile d'insister; on ne saurait du reste suppléer par des études théoriques à la pratique nécessaire aux opérations si diverses qui peuvent se présenter.

FORMULES TRIGONOMÉTRIQUES

DÉFINITIONS

Les lignes trigonométriques sont de simples rapports et sont ainsi définies :

$$\text{sinus } \alpha = \frac{y}{R} \qquad \text{tang } \alpha = \frac{y}{x} \qquad \text{sécante } \alpha = \frac{R}{x},$$

$$\text{cosinus } \alpha = \frac{x}{R} \qquad \text{cotang } \alpha = \frac{x}{y} \qquad \text{cosécante } \alpha = \frac{R}{y},$$

$$\text{sinus verse } \alpha = \frac{R-x}{R}.$$

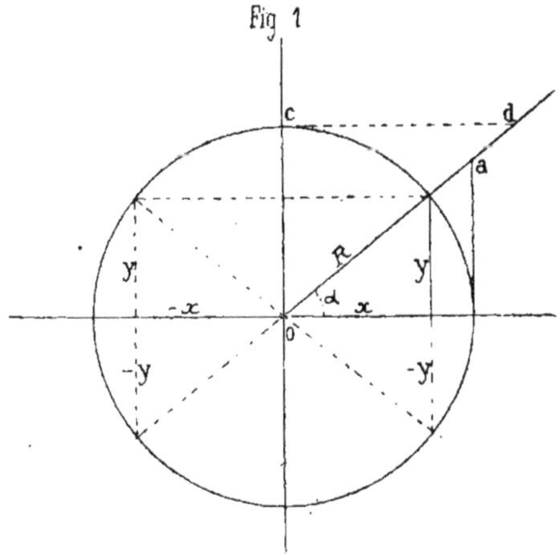

On voit que le cosinus, la cotangente, la cosécante d'un angle ne sont pas autre chose que le sinus, la tangente et la sécante du complément.

Si l'on prend de suite pour simplifier $R = 1$, il vient

$$\sin \alpha = y \quad \Big| \quad \cos \alpha = x \quad \Big| \quad \text{tang } \alpha = \frac{\sin}{\cos} \quad \Big| \quad \text{sécante} = \frac{1}{\text{cosin}} \quad \Big| \quad \text{coséc} = \frac{1}{\text{sinus}}$$

$$\text{cotang} = \frac{\text{cosin}}{\sin} \qquad \sin \text{ verse} = 1 - \text{cosinus}.$$

A l'inspection de la figure et des formules, on voit que

$$
\begin{array}{lll}
\sin 0 = 0 & \text{tang } 0 = 0 & \text{sécante } 0 = 1, \\
\cos 0 = 1 & \text{cotang } 0 = \infty & \text{cosécante } 0 = \infty, \\
\sin 90^\circ = 1 & \text{tang } 90^\circ = \infty & \text{sécante } 90^\circ = \infty, \\
\cos 90^\circ = 0 & \text{cotang } 90^\circ = 0 & \text{coséc } 90^\circ = 1.
\end{array}
$$

$$
\begin{array}{ll}
\text{sinus } \alpha = \text{sinus } (180^\circ - \alpha) & \cos \alpha = -\cos (180^\circ - \alpha) \\
\text{tang } \alpha = -\text{tang } (180^\circ - \alpha) & \text{cotang } \alpha = -\text{cotang } (180^\circ - \alpha) \\
\text{sec } \alpha = -\text{sec } (180^\circ - \alpha) & \text{coséc } \alpha = \text{coséc } (180^\circ - \alpha)
\end{array}
$$

$$
\begin{array}{ll}
\sin (180^\circ + \alpha) = -\sin \alpha & \cos (180^\circ + \alpha) = -\cos \alpha \\
\sin (360^\circ + \alpha) = \sin \alpha & \cos (360^\circ + \alpha) = \cos \alpha \\
\sin (-\alpha) = \sin \alpha & \cos (-\alpha) = \cos \alpha.
\end{array}
$$

RELATIONS DES LIGNES TRIGONOMÉTRIQUES ENTRE ELLES

$$\text{Sin}^2 \alpha + \cos^2 \alpha = 1.$$

$$\text{Tang } \alpha = \frac{\sin \alpha}{\cos \alpha} \qquad \sec \alpha = \frac{1}{\cos \alpha} \qquad \text{cotang } \alpha = \frac{\cos \alpha}{\sin \alpha} \qquad \text{coséc } \alpha = \frac{1}{\sin \alpha}.$$

$$\text{Tang } \alpha \times \text{cotang } \alpha = 1 \qquad \overline{\sec}^2 \alpha = 1 + \overline{\text{tang}}^2 \alpha,$$

$$\overline{\text{coséc}}^2 = 1 + \overline{\text{cotang}}^2 \alpha \qquad \frac{1}{\sec^2 \alpha} + \frac{1}{\overline{\text{coséc}}^2 \alpha} = 1.$$

$$\sin \alpha = \frac{\text{tang } \alpha}{\sqrt{1 + \overline{\text{tang}}^2 \alpha}} \qquad \cos \alpha = \frac{1}{\sqrt{1 + \overline{\text{tang}}^2 \alpha}}.$$

$$\text{Sin } (a \pm b) = \sin a \cos b \pm \sin b \cos a,$$

$$\cos (a \pm b) = \cos a \cos b \mp \sin b \sin b.$$

$$
\begin{array}{ll}
\text{Sinus } 2\alpha = 2 \sin \alpha \cos \alpha & \cos 2\alpha = \cos^2 \alpha - \sin^2 \alpha. \\
\text{Sin } 3\alpha = 3 \sin \alpha - 4 \sin^3 \alpha & \cos 3\alpha = 4 \cos^2 \alpha - 3 \cos \alpha.
\end{array}
$$

$$\text{n} \frac{1}{2} \alpha = \sqrt{\frac{1 - \cos \alpha}{2}} \qquad \cos \frac{1}{2} \alpha = \sqrt{\frac{1 + \cos \alpha}{2}}.$$

$$\sin \text{ verse } \alpha = 1 - \cos \alpha = 2 \sin^2 \frac{1}{2} \alpha.$$

$$\text{Tang}\,(\alpha+\beta)=\frac{\text{tang}\,\alpha\pm\text{tang}\,\beta}{1\mp\text{tang}\,\alpha\,\text{tang}\,\beta}\quad\text{tang}\,2\,\alpha=\frac{2\,\text{tang}\,\alpha}{1-\text{tang}^2\,\alpha}.$$

$$\text{tang}\,\frac{1}{2}\,\alpha=\frac{1}{\text{tang}\,\alpha}\left(-1\pm\sqrt{1+\text{tang}^2\,\alpha}\right),$$

$$\text{tang}\,\frac{1}{2}\,\alpha=\sqrt{\frac{1-\cos\alpha}{1+\sin\alpha}}=\frac{\sin\alpha}{1+\cos\alpha}=\frac{1-\cos\alpha}{\sin\alpha}.$$

$$\text{Tang}\,(a+b+c)=\frac{\text{tang}\,a+\text{tang}\,b+\text{tang}\,c-\text{tang}\,a\,.\,\text{tang}\,b\,.\,\text{tang}\,c}{1-(\text{tang}\,b\,\text{tang}\,c+\text{tang}\,a\,\text{tang}\,b+\text{tang}\,a\,\text{tang}\,c}.$$

Si

$$a+b+c=90^\circ,$$
$$\text{tang}\,a\,\,\text{tang}\,b+\text{tang}\,a\,\text{tang}\,c+\text{tang}\,b\,\text{tang}\,c=1.$$

Si

$$a+b+c=180^\circ,$$
$$\text{tang}\,a+\text{tang}\,b+\text{tang}\,c=\text{tang}\,a\,\text{tang}\,b\,\text{tang}\,c.$$

$$\sin\,(\alpha+\beta)+\sin\,(\alpha-\beta)=2\sin\alpha\cos\beta.$$
$$\sin\,(\alpha+\beta)-\sin\,(\alpha-\beta)=2\cos\alpha\sin\beta.$$
$$\cos\,(\alpha-\beta)+\cos\,(\alpha+\beta)=2\cos\alpha\cos\beta.$$
$$\cos\,(\alpha-\beta)-\cos\,(\alpha+\beta)=2\sin\alpha\sin\beta.$$

$$\sin A+\sin B=2\sin\tfrac{1}{2}\,(A+B)\cos\tfrac{1}{2}\,(A-B).$$
$$\sin A-\sin B=2\cos\tfrac{1}{2}\,(A+B)\sin\tfrac{1}{2}\,(A-B).$$
$$\cos A+\cos B=2\cos\tfrac{1}{2}\,(A+B)\cos\tfrac{1}{2}\,(A-B).$$
$$\cos A-\cos B=2\sin\tfrac{1}{2}\,(A+B)\sin\tfrac{1}{2}\,(A-B).$$

$$\frac{\sin\alpha+\sin\beta}{\sin\alpha-\sin\beta}=\frac{\text{tang}\,\tfrac{1}{2}\,(\alpha+\beta)}{\text{tang}\,\tfrac{1}{2}\,(\alpha-\beta)}.$$

RELATIONS ENTRE LES CÔTÉS ET LES ANGLES D'UN TRIANGLE

Soit a, b, c les côtés d'un triangle respectivement opposés aux angles A, B, C, on a

$$\frac{\sin A}{a}=\frac{\sin B}{b}=\frac{\sin C}{c},$$
$$\frac{a+b}{a-b}=\frac{\text{tang}\,\tfrac{1}{2}\,(A+B)}{\text{tang}\,\tfrac{1}{2}\,(A-B)},$$
$$a^2=b^2+c^2-2\,b\,c\cos A.$$

Résolution des triangles

1° *Triangles rectangles*

1er *Cas.* — Données : hypoténus a, angle aigu B,

$$b = a \sin B \qquad c = a \sin B \qquad C = 90° - B.$$

2e *Cas.* — Données : le côté b, l'angle B,

$$C = 90° - B \qquad a = \frac{b}{\sin B} \qquad c = b \, \text{cotang} \, B.$$

3e *Cas.* — Données : hypotenus a et le côté b,

$$c = \sqrt{(a+b)(a-b)} \qquad \sin B = \frac{b}{a} \qquad C = 90° - B.$$

4e *Cas.* — Données : les côtés b et c,

$$a = \sqrt{a^2 + b^2} \qquad \text{tang} \, B = \frac{b}{c} \qquad a = \frac{b}{\sin B} \quad C = 90° - B$$

2° *Triangles obliquangles*

1er *Cas.* — Données : un côté a et deux angles,

$$\frac{b}{a} = \frac{\sin B}{\sin A} \qquad \frac{c}{a} = \frac{\sin C}{\sin A}.$$

2e *Cas.* — Données : deux côtés a et b et l'angle A,

$$\sin B = \frac{b}{a} \sin A \qquad C = 180° - (A + B).$$

$$c = \frac{a \sin C}{\sin A}.$$

Parce que $\sin B = \sin(180° - B)$ il peut y avoir deux solutions, on remarquera que

1°   Si $A > 90°$ B est aigu, il faut que $a > b$;

2°   Si $A < 90°$ et $a > b$ $A > B$ B est aigu ;

3°   Si $A < 90°$ $a < b$ on a 2 solutions B et $180° - B$.

3e *Cas.* — Deux côtés a et b et l'angle compris C,

$$A + B = 180° - C,$$

$$\text{tang} \, \tfrac{1}{2}(A - B) = \frac{\text{tang} \, \tfrac{1}{2}(A + B)(a - b)}{a + b} \qquad A = \frac{A + B}{2} + \frac{A - B}{2},$$

$$B = \frac{A + B}{2} - \frac{A - B}{2},$$

$$c = \frac{a \sin C}{\sin A},$$

ou

$$c = \frac{(a + b) \sin \frac{1}{2} C}{\cos \frac{1}{2} (A - B)}.$$

Ou, en posant

$$\tang \varphi = \frac{(a - b) \cotang \frac{1}{2} C}{a + b},$$

on a

$$c = \frac{(a + b) \sin \frac{1}{2} C}{\cos \varphi} \qquad \varphi = \frac{A - B}{2}.$$

ou bien encore

$$\tang \psi = \frac{2 \sqrt{ab} \sin \frac{1}{2} C}{a - b} \qquad c = \frac{a - b}{\cos \varphi}.$$

4e *Cas.* — Données : les trois côtés a, b, c,

$$p = \frac{a + b + c}{2},$$

$$\sin \frac{1}{2} A = \sqrt{\frac{(p - b(p - c)}{bc}} \qquad \cos \frac{1}{2} A = \sqrt{\frac{p (p - a)}{bc}}$$

$$\tang \frac{1}{2} A = \sqrt{\frac{(p - b)(p - c)}{p (p - a)}}.$$

$$\sin x = \frac{x}{1} - \frac{x^3}{1.2.3} + \frac{x^3}{1.2.3.4.5} - \frac{x^7}{1.2.3.4.5.6.7} + \mathfrak{C}.$$

$$\cos x = 1 - \frac{x^2}{1.2} + \frac{x^4}{1.2.3.4} - \frac{x^6}{1.2.3.4.5.6} + \mathfrak{C}.$$

$$\sin \text{verse } x = \frac{x^2}{1.2} - \frac{x^4}{1.2.3.4} + \frac{x^6}{1.2.3.4.5.6} - \frac{x^8}{1.2.3.4.5.6.7.8} \mathfrak{C}.$$

FIN

APPENDICE

NOTE SUR LE NOMBRE ET LA RÉPARTITION DES RAILS
COURTS SUR LE PETIT RAYON, DANS LES COURBES

Lorsqu'on établit une voie en courbe, la différence des développements des arcs de deux files de rails oblige à introduire des rails de dimension réduite sur l'arc intérieur, afin de conserver les joints sur une normale commune.

La différence des développements entre les arcs, pour une longueur uniforme prise sur l'arc extérieur, étant variable avec la courbure, il s'ensuit que si l'on voulait obtenir une correspondance rigoureuse, le nombre des longueurs types serait aussi grand que celui des rayons employés : une pareille solution n'est pas pratique.

Il est essentiel, autant par économie que pour la facilité de l'entretien, de réduire le plus possible le nombre des types à introduire dans la constitution de la voie.

C'est ainsi que les grandes Compagnies, notamment Paris-Lyon-Méditerranée, l'Ouest, l'Est et le Nord, n'emploient que le rail normal de $6^{m},00$ et le rail réduit de 5,96, ou 8 mètres et 7,95 ; Orléans, dans sa pose vignole (réseau central), les rails de 6,00 et de 5,90 (1).

(1) Les rails de dimensions inférieures sont employés spécialement dans les appareils de branchement, pour les raccords aux abords de certains ouvrages métalliques biais et à la rencontre de deux chantiers de pose, etc.

On a aussi employé des rails de 6,04 à l'extérieur ; mais ce mode est généralement abandonné.

7

Il est important de connaître : 1° le nombre de rails courts à approvisionner ; 2° la répartition rationnelle de ces rails de façon à réduire au minimum le faux équerre.

Cette répartition étant connue, on conçoit par exemple que dans un chantier de pose ou de réfection, si la distribution du matériel est bien faite, on évitera les manutentions auxquelles donnerait lieu une distribution mal comprise.

Avec un emploi judicieux de rails de 6,00 et de 5,96, le maximum de faux équerre est de 0,02. En effet, si l'introduction d'un rail long, par exemple, donnait un faux équerre de plus de 0,02 en plus, la substitution d'un rail court donnerait un faux équerre de moins de 0,02 en moins et réciproquement.

De même pour les rails de 6,00 et de 5,90 l'obliquité maximum à tolérer pour la ligne de joint sera de 0,05.

DÉTERMINATION DU NOMBRE DE RAILS COURTS A INTRODUIRE
SUR LA FILE INTÉRIEURE DE LA VOIE

En général, les courbes en usage dans les tracés de chemins de fer sont circulaires ou composées d'arcs circulaires tangents, rarement d'autres courbes de raccordement. Dans tous les cas, le nombre de rails courts à introduire ne dépend que de l'angle formé par les normales extrêmes et de l'écartement de la voie qui est constant à peu de chose près sur tous les réseaux (1.51 d'axe en axe du rail).

Ce fait résulte d'un théorème susceptible de beaucoup d'application et qui ne se trouve nulle part dans les traités de géométrie :

Si deux courbes sont équidistantes, la différence de leurs développements, compris entre les deux normales quelconques, est égale à la distance qui les sépare, multipliée par l'angle des deux normales extrêmes.

Ainsi

$$A'B' = AB + \varphi\, d$$

soit divisée, la courbe AB en une infinité d'éléments a, b, c, d, etc., et $0\,0'\,0''$... les intersections des normales α, β, γ..., etc., les angles aux centres.

On a

$$a' = \alpha \times Ao \qquad Ao = \frac{a}{\alpha} \qquad a' = \alpha\,(Ao + d)$$

$$a' = a + \alpha d$$
$$b' = b + \beta d$$
$$c' = c + \gamma d$$
$$\vdots \qquad \vdots \qquad \vdots$$
$$\overline{A'\,B' = AB + (\alpha + \beta + \gamma. -.)\,d}$$

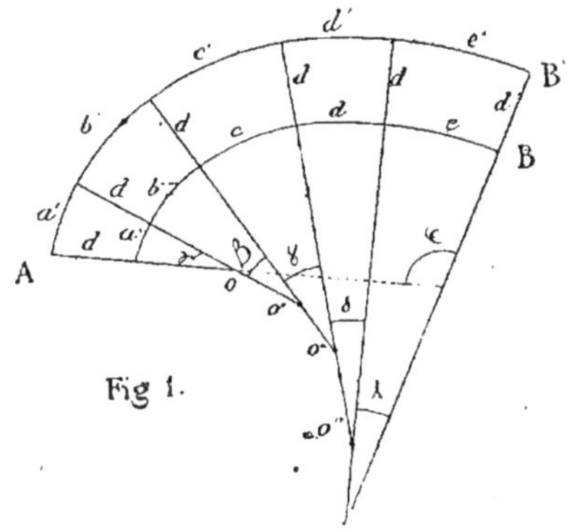

Fig 1.

ou

$$A'B' = AB + \varphi d.$$

Si nous désignons par ε la différence entre le rail long normal et le rail réduit, autant de fois ε sera contenu dans φd, autant il faudra substituer de rails courts; on en déduit pour le nombre de rails courts

$$n = \frac{\varphi h}{\varepsilon}.$$

Si un profil en long présente une série de K alignements droits formant deux à deux des angles $\alpha\,\alpha'\,\alpha''$, etc., le nombre total de rails courts à employer sera

$$n = \frac{(K-1)\,\pi - (\alpha + \alpha' + \alpha''\ldots)}{\varepsilon}\,.h,$$

expression indépendante de la nature des courbes de raccordement.

Enfin, si les raccordements sont circulaires et donnés par leur développement D D′ D″, etc., et leur rayon R R′ R″..., etc.

$$n = \frac{\frac{D}{R} + \frac{D'}{R} + \frac{D''}{R''} \cdots}{\varepsilon} . h.$$

Cette formule devient, pour les rails de 6.00 et 5.96 ou tout autre type de rails réduits de 0.04,

$$n = 37.50 \left(\frac{D}{R} + \frac{D'}{R'} + \frac{D''}{R''} \cdots \right),$$

pour les rails de 8.00 et 7.95,

$$n = 30 . \left(\frac{D}{R} + \frac{D'}{R'} + \frac{D''}{R''} \cdots \right).$$

RACCORDEMENT CIRCULAIRE, PROPORTION ET DISTRIBUTION
DES RAILS LONGS ET DES RAILS COURTS

Soit l la longueur du rail normal employé à l'extérieur, ε la différence avec le rail réduit, R le rayon de la voie et prenons 1.50 pour l'entr'axe des rails (1).

La différence des développements pour une longueur l sera

$$\frac{l}{R} \times 1.50 .$$

Pour un rail à l'extérieur, il faudra

$$\frac{\frac{l}{R} \times 1.50}{\varepsilon} = \frac{1.50 \, l}{R \varepsilon} \text{ rails courts,}$$

et pour N, rail extérieurs,

$$n = \frac{1.50 \, l}{R \varepsilon} . N,$$

(1) En prenant 1.50 au lieu de 1.51, l'erreur pour le rail de $6^m,00$ sera de $\dfrac{6}{100 \, R} = 0.0002$ pour le rayon de 250, soit le $\dfrac{1}{20}$ du jeu laissé pour la dilatation.

d'où

$$\frac{N}{n} = \frac{R\,\varepsilon}{1.50\,l}.$$

Toutes les solutions entières de cette équation détermineront la concordance des joints extrêmes pour une période de N rails.

Le rayon minimum que l'on pourra employer sera celui qui ne donnera que des rails courts sur la file intérieure; dans ce cas,

$$\frac{N}{n} = 1,$$

d'où

$$\frac{1.50\,l}{\varepsilon}.$$

Si l'on veut appliquer ce qui précède aux rails de 6.00 et 5.96, on a

$$\frac{N}{n} = \frac{0.04\,R}{9} - \frac{R}{225} = \frac{R}{3^2 \times 5^2},$$

et pour des rayons variant de 25 en 25 mètres, à partir du rayon minimum 225, on fera

$$R = 225 + 25\,t,$$
$$\frac{N}{n} = \frac{9+t}{9}.$$

Pour des rails de 8.00 et 7.95, on trouverait de même de 20 en 20 mètres, à partir du rayon minimum 240;

$$R = 240 + 20\,t,$$
$$\frac{N}{n} = \frac{12+t}{12}.$$

On fera $t = 0, 1.2.3....$, etc. pour avoir le rayon R et le rapport correspondant $\frac{N}{n}$.

DÉTERMINATION DES NUMÉROS D'ORDRE DE POSE
DES RAILS COURTS.

Nous avons vu que le maximum de faux équerre était de $\frac{\varepsilon}{2}$; d'après cela, il est facile de déterminer si le $N^{ième}$ rail de la file intérieure est un long ou un court.

Désignons par m le nombre des rails courts déjà posés sur la file intérieure.

Par N le nombre de rails longs posés sur la file extérieure.

La longueur normale l des rails longs sur la file extérieure correspond à une longueur de

$$l - \frac{1.50\,l}{R}$$

de la file extérieure,

Et la longueur correspondante à N rails de cette même file est

$$N\left(l - \frac{1.50\,l}{R}\right)$$

sur la file intérieure.

Il s'agit de savoir si le dernier rail qui terminera cette longueur sera long ou court.

La longueur déjà posée à l'intérieur étant :

$$m\,(l - \varepsilon) + [\,N - (m+1)\,]\,l,$$

si

$$\left(l - \frac{1.50\,l}{R}\right) - [\,m\,(l-\varepsilon) + \left(N - (m+1)\right)\,l\,] < l - \frac{\varepsilon}{2},$$

ce dernier rail sera court.

L'inégalité ci-dessus se réduit à

$$\frac{1.50\,N\,l}{R} - m\,\varepsilon > \frac{\varepsilon}{2},$$

ou

$$\frac{3\,N\,l}{R\,\varepsilon} > 2\,m + 1.$$

Telle est la condition pour que le N[ième] rail de la file intérieure soit un court.

Il suffit de faire $m = 0.\,1.\,2.\,3....$, etc., pour avoir le numéro d'ordre de pose du premier, deuxième, troisième, etc., rail court.

Remarquons que

$$\frac{3\,l}{\varepsilon}$$

est le double du rayon minimum qu'on peut employer ; la relation ci-dessus devient donc, pour les rails de

$$8^m,00 \text{ et } 7.95 \qquad \frac{480\,N}{R} > 2\,m+1$$

$$6^m,00 \text{ et } 5.96 \qquad \frac{450\,N}{R} > 2\,m+1$$

$$5^m,00 \text{ et } 4.96 \qquad \frac{375\,N}{R} > 2\,m+1.$$

Les relations ci-dessus s'interprètent facilement sur la règle à calcul de la manière suivante :

Placez le rayon de la courbe pris sur la réglette immédiatement au-dessous du double du rayon minimum, pris sur l'échelle supérieure ; lisez ensuite sur la réglette les chiffres qui viennent immédiatement après les nombres impairs 1.3.5.., etc., de l'échelle supérieure, tous ces chiffres seront les numéros d'ordre de pose des rails courts.

EXEMPLE : Le rayon 700 avec des $6^m,00$; je place sur la règle $\dfrac{450}{700}$, et je lis immédiatement après 1.3.5.7, etc., de l'échelle supérieure, les nombres suivants de la réglette :

$$2,\ 5,\ 8,\ 11,\ 14,\ 18,\ 21,\ 24,\ 27,$$

qui sont les numéros d'ordre de pose des rails courts sur la file intérieure, à partir de l'origine de la courbe 700.

On remarquera qu'il y a correspondance sur la règle à la fraction $\dfrac{9}{14}$, ce qui indique que la différence au quatorzième rail est de 0.02, et qu'il est indifférent de mettre un long ou un court, ce qui fait voir aussi qu'il y a concordance au vingt-huitième rail.

Imprimerie J. Dejey et Comp., 18, rue de la Perle.

Tableau donnant la répartition des rails longs et courts dans la pose des voies en courbe.

Le tableau comporte trois panneaux identiques, chacun divisé en colonnes :
« Rayons », « Nombre de rails avant la concordance des joints extérieurs » (Rails extérieurs / Rails intérieurs), et « Numéros d'Ordre — de pose des rails longs et courts sur la file intérieure à partir de l'origine de la Courbe ».

Premier panneau (Rayons de 240 à 2.400) — la plupart des valeurs numériques manuscrites sont illisibles. [illegible]

$$R = 250 + 25\,t$$
$$\frac{N}{n} = \frac{50 + 5\,t}{48}$$
$$d = 50\,\frac{D}{R}$$

Deuxième panneau (Rayons de 225 à 2.400) — valeurs manuscrites en grande partie illisibles. [illegible]

$$R = 225 + 25\,t$$
$$\frac{N}{n} = \frac{9 + t}{9}$$
$$d = 37{,}50\,\frac{D}{R}$$

Troisième panneau (Rayons de 200 à 2.400) — valeurs manuscrites en grande partie illisibles. [illegible]

$$4\,R = 700 + 50\,t$$
$$\frac{N}{n} = \frac{15 + t}{15}$$
$$d = 37{,}50\,\frac{D}{R}$$

Position de la règle à calcul donnant les N.os courts pour le rayon 700.

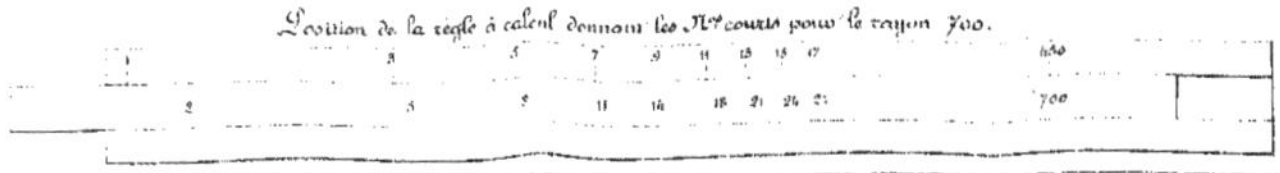

Tableau donnant les rayons théoriques des branchements et traversées de voies pour faciliter le tracé des Épures.

Branchements

| R | 1 (A = 0m07) | | 2 | | 3 (A = 0m09) | | 4 | | 5 (A = 0m11) | | 6 | | 7 (A = 0m13) | | 8 |

R	1	2	3	4	5	6	7	8
∞	592	592	358	358	240	240	172	172
10000	559	629	346	372	235	246	169	173
5000	529	671	334	386	229	252	166	178
2000	457	840	304	436	214	273	158	188
1800	446	884	299	447	212	278	157	190
1600	432	939	293	464	209	282	155	192
1500	423	978	289	470	207	286	154	194
1400	416	1025	285	481	205	290	153	196
1300	407	1087	281	494	203	294	152	198
1200	397	1165	276	510	200	300		200
1100	385	1283	270	531	197	307		203
1000	372	1451	264	558	194	314		207
900	355	1727	256	594	190	327		213
850	349	1950	252	619	187	333		216
800	340	2273	248	648	185	343		219
750	331	2510	243	685		353		223
700	321	3830	237	728		365		227
650	310	6800	231	797		380		233
600	298	44400	224	855		400		240
550	286	∞	217	1025		425		249
500	271		209	1260		461		261
450	256		201	1750		514		277
400	239		189	3460		600		300
380	230		177			762		336
325	210		170	∞		913		464
300	200		163			1200		600
275	188					1880		459
250	176					5980		543
225	163					∞		725
200								1200
								∞

Formule générale

$$(z - R_1)(R \pm M) = \mp K^2$$
$$R_1 \cos \alpha = M \qquad R_1\left(R_1 \cos \alpha - \frac{h}{q}\right) = K^2$$
$$R_1 = \frac{h}{\cos \alpha - \cos \beta}$$

α, β, angles des croisements, h écartement de la voie.

Application aux calculs du Tableau.

$$1 \ldots \quad z = 592 - \frac{350084}{R + 592}$$
$$2 \ldots \quad z = 592 + \frac{350084}{R - 592}$$
$$3 \ldots \quad z = 358 - \frac{127900}{R + 358}$$
$$4 \ldots \quad z = 358 + \frac{127900}{R - 358}$$
$$5 \ldots \quad z = 240 - \frac{57427}{R + 240}$$
$$6 \ldots \quad z = 240 + \frac{57427}{R - 240}$$
$$7 \ldots \quad z = 172 - \frac{29521}{R + 172}$$
$$8 \ldots \quad z = 172 + \frac{29521}{R - 172}$$
$$9 \ldots \quad z = 725 - \frac{525000}{R + 725}$$
$$10 \ldots \quad z = 725 + \frac{525000}{R - 725}$$
$$11 \ldots \quad z = 604 - \frac{364000}{R + 604}$$
$$12 \ldots \quad z = 604 + \frac{364000}{R - 604}$$
$$13 \ldots \quad z = 385 + \frac{148000}{R + 385}$$
$$14 \ldots \quad z = 385 + \frac{148000}{R - 385}$$

Traversées

R	9 (0m09 – 0m11)	10	11 (0m11 – 0m13)	12	13 (0m13 – 0m16)	14
∞	725	725	604	604	385	333
10000	676	781	570	640	350	342
5000	634	847	540	686	333	358
2500	563	1019	487	794	285	385
2000	533	1184	465	862	287	400
1800	518	1240	455	903	283	409
1600	500	1321	440	960	277	428
1500	490	1400	433	1000	274	429
1400	478	1496	423	1052	270	636
1300	466	1630	414	1108	263	666
1200	453	1818	403	1203	262	661
1100	438	2106	391	1329	257	477
1000	428	2604	378	1510	251	490
900	403	3780	368	1808	246	508
850	393	4810	355	2052	240	543
800	382	6800	346	2415	236	568
750	370	∞	336	3010	232	595
700	358		326	4290	226	636
650	344		315	7840	221	677
600	330		303	∞	213	746
550	314		290		204	833
500	297		273		201	980
450	279		260		192	1265
400	259		248		185	1900
350	237		228			5930
325	226		213			
300	207		206			
275			191			

CALCUL D'UNE BIFURCATION.

VARIANTE

(fig. 1.)

(fig. 2.)

Calculs (fig. 1)

Calculs (fig. 2)

Tracé d'un faisceau de voies.

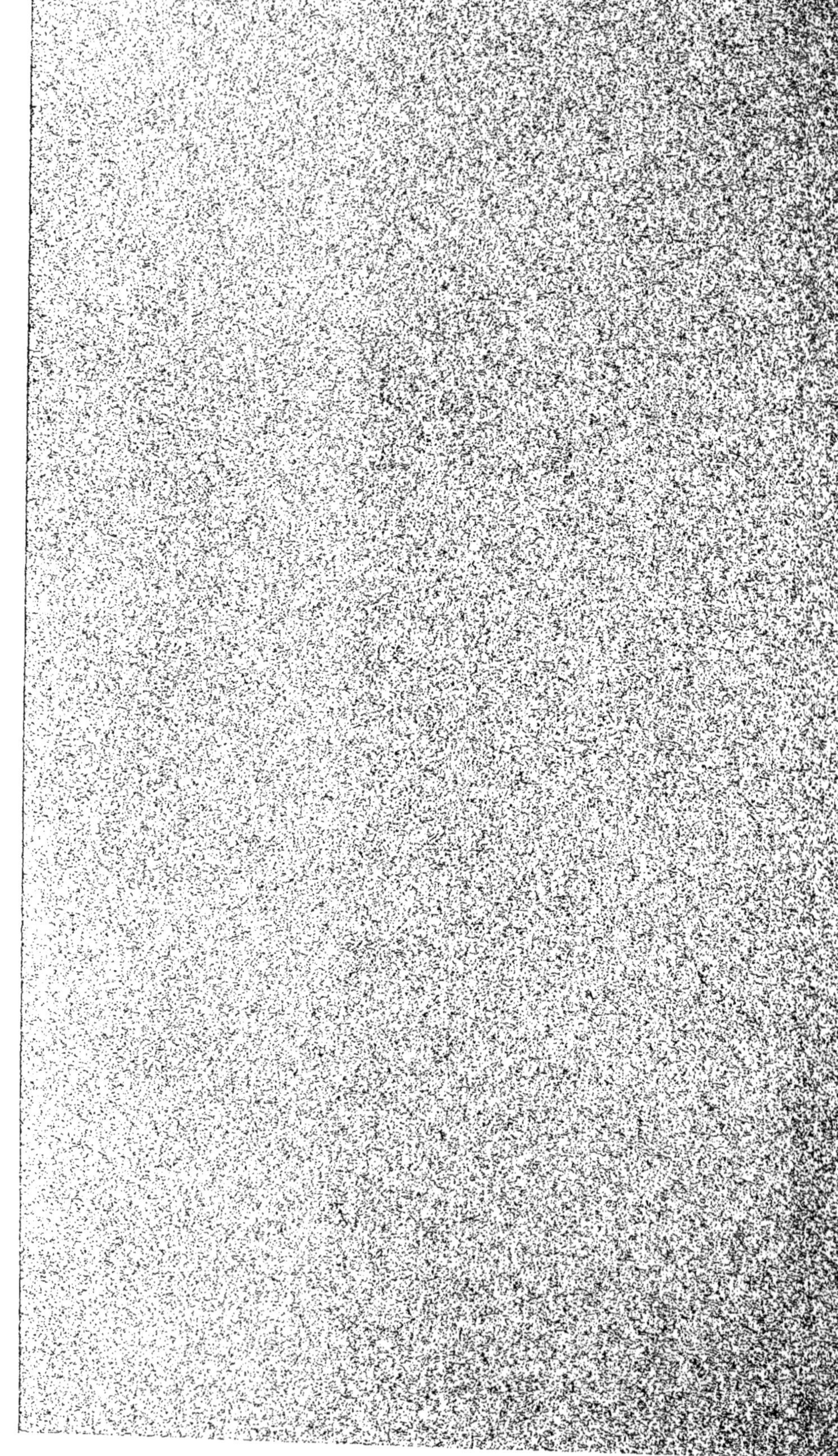

EXTRAIT DU CATALOGUE
DE LA LIBRAIRIE DE L'ÉCOLE CENTRALE DES ARTS ET MANUFACTURES

GOUILLY (Al.), ingénieur des Arts et Manufactures, répétiteur à l'École Centrale. — NOTE SUR LE CALCUL DES FORCES EXTÉRIEURES développées dans les poutres courbes en arc de cercle, suivie d'une étude sur la déformation d'un solide sensiblement prismatique soumis à des forces extérieures quelconques.
Brochure de 45 pages avec figures et nombreux tableaux. Prix . . 3 fr.

PHILLIPS. — COURS D'HYDRAULIQUE ET D'HYDROSTATIQUE professé à l'École Centrale. La rédaction est de M. Al. Gouilly, agrégé des lycées, répétiteur du Cours de M. Phillips. L'ouvrage complet comprend un volume in-8 raisin avec figures intercalées dans le texte. Prix . . . . 15 fr.

DENY (Ed.), ingénieur aux forges de Mouterhausen, ancien Élève de l'École de Châlons. — ÉTUDE SUR LES MACHINES SOUFFLANTES. 1 vol. in-8, contenant de nombreuses figures intercalées dans le texte et six planches montées sur onglets. Prix . . . . 6 fr.

— — ÉTUDES EXPÉRIMENTALES SUR L'EFFET UTILE DANS LE MARTELAGE. Un volume in-8, contenant de nombreuses figures intercalées dans le texte, et 3 planches montées sur onglets. Prix . . . . 4 fr.

ERMEL, professeur à l'École Centrale des Arts et Manufactures. — ALBUM DES ÉLÉMENTS ET ORGANES DE MACHINES, traités dans le Cours de constructions de machines à l'École Centrale, suivi de planches relatives aux machines soufflantes, par M. Jordan, professeur du Cours de métallurgie. Portefeuille oblong, cartonné, contenant 19 planches de texte explicatif et 102 planches de dessins cotés, 1870. Prix . . . . 13 fr.

FRÉMINVILLE (de), professeur à l'École Centrale. — TRACÉ D'UN TIROIR DE DÉTENTE, 1875. Broch. lithographique de 26 pages avec 6 planches. Prix . 2 fr.

LEBLANC, professeur à l'École Centrale. — COURS DE CHIMIE ANALYTIQUE professé à l'École Centrale. — 1 broch. lithograph. de 100 p. Prix broché . 2 fr. 25

LEGRAND, ingénieur. — RECUEIL SOMMAIRE DES PONTS PROJETÉS ET EXÉCUTÉS, par A. Legrand, de 1849 à 1873, pour le service vicinal. Ouvrage approuvé par M. le Ministre des Travaux publics, composé de 18 planches doubles, contenant 39 ponts avec une notice explicative sur chacun d'eux indiquant les matériaux employés, les conditions d'épreuves, les dimensions, le prix de revient total et au mètre superficiel, etc. Prix . . . . 15 fr.

MARY, inspecteur général des Ponts et Chaussées, professeur à cette École et à l'École Centrale des Arts et Manufactures. — COURS DE ROUTES ET PONTS, professé par M. Mary, à l'École Centrale. 1 volume in-4 avec atlas de 68 planches in-folio (dont 15 planches nouvelles se rapportant aux travaux d'art les plus remarquables exécutés depuis la dernière édition). Prix . . . . 45 fr.

MASTAING (de), professeur à l'École Centrale des Arts et Manufactures. — COURS DE MÉCANIQUE APPLIQUÉE A LA RÉSISTANCE DES MATÉRIAUX. Leçons professées à l'École Centrale de 1862 à 1872 par M. de Mastaing et rédigées par M. Courtès-Lapeyrat, ingénieur des Arts et Manufactures, répétiteur du Cours. Cet ouvrage contient les principaux cas qui peuvent se présenter dans le calcul des pièces soumises aux différents genres de résistance : Extension, Compression, Torsion et flexion. Gd in-8 avec nombr. fig. dans le texte et planche, 1874 . 15 fr.

PICHAULT (S.). — DIAGRAMMAGRAPHE. *Procédés théoriques et pratiques pour établir et vérifier les distributions des Machines à vapeur*, par S. Pichault, ingénieur, ancien élève de l'École Centrale, chef de section du matériel des chemins de fer à la Société John Cookeril, à Seraing (Belgique). 1 vol. grand in-8, avec tableau et planche montée sur onglets . . . . 6 fr.

J. DEJEY et Cⁱᵉ, imprimeurs de l'École centrale.